U0378815

张戬——主编

[清] 顾仲——著

周燕——译注

SD 北京时代华文书局

**图书在版编目（CIP）数据**

养小录 / (清)顾仲著；周燕译注 . — 北京：北京时代华文书局，2024.10
（中华美好生活经典 / 张戬主编）
ISBN 978-7-5699-3505-9

Ⅰ . ①养… Ⅱ . ①顾… ②周… Ⅲ . ①烹饪－中国－清代 Ⅳ . ① TS972.117

中国版本图书馆 CIP 数据核字 (2020) 第 008982 号

YANGXIAO LU

出 版 人：陈　涛
策划编辑：陈冬梅
责任编辑：周海燕
执行编辑：崔志鹏
责任校对：陈冬梅
封面设计：甘信宇
版式设计：王艾迪
责任印制：刘　银　訾　敬

出版发行：北京时代华文书局 http://www.bjsdsj.com.cn
　　　　　北京市东城区安定门外大街 138 号皇城国际大厦 A 座 8 层
　　　　　邮编：100011　电话：010-64263661　64261528

印　　刷：河北环京美印刷有限公司
开　　本：880 mm×1230 mm　1/32　　　成品尺寸：145 mm×210 mm
印　　张：6.25　　　　　　　　　　　　字　　数：150 千字
版　　次：2024 年 10 月第 1 版　　　　　印　　次：2024 年 10 月第 1 次印刷
定　　价：52.00 元

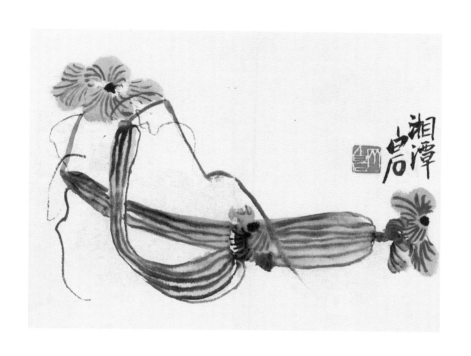

齐白石 — 《十全十美·儿孙绵瓞》 — 作于 1950 年

齐白石 — 《十全十美·事事顺意》 — 作于 1950 年

齐白石 — 《十全十美·丰收》 — 作于 1950 年

齐白石 — 《十全十美·大吉大利》— 作于 1950 年

齐白石 — 《十全十美·双寿》 — 作于 1950 年

齐白石 — 《十全十美·大福》 — 作于 1950 年

齐白石 — 《十全十美·好模好样》 — 作于 1950 年

齐白石 — 小品 1

齐白石 — 小品 3

齐白石 — 小品 5

# 目录

## 卷之上

## 卷之中

# 卷之下

# 前　言

　　顾仲，字咸山，又字闲山，号松壑，又号中村，浙江嘉兴人，清代医家，著有《养小录》《历代画家姓氏韵编》《松壑诗》等。顾仲素重养生，提倡饮食必洁且熟，主张尊重食物的质朴之味，不要浪费，有节制、有法度，合乎中庸。他反对读者为逞口欲而阅读此书，认为不应对动物多做残害。书中多半篇幅为蔬菜、花草、糟、酱等的做法。本书共三卷，所收录的食方部分从《食宪》一书而来，部分为作者自己所辑，有些条目过于简略，难明其意。

　　全书分为译文、原文、注释三个部分，为帮助读者理解原文，有些地方在注释后附相关注解。

　　原文以上海涵芬楼据清道光十一年六安晁氏木活字排印本影印的《学海类编》本为底本，以商务印书馆《丛书集成初编》本为对校本，但后者也是以前者为底本，因此有疑问处则检索引文原出处及各家本草文献进行他校。

　　本书点校、译注说明：

　　1.底本中明显有误之处，予以改正，出注说明校改根据。疑似有误而无法下定论之处，原文不予改动，但在注释中说明。本书食目多为作者辑纂前人的《食宪》一书而来，有些内容与明代高濂的《遵生八笺》、清代朱彝尊的《食宪鸿秘》等纂录饮食之书的内容有共同出处。书中一些过于简略或难解的条目，适当参照了上述著作，出注加以说明。

2.全书采用简体字，缺字用"□"标示。异体字一律改为简体正字，不出注。通假字、避讳字、古今字的古字，在原文中保留，在译文中转化成简体字，在注释中指明对应的被通假字、被避讳字、分化字。通假字注释术语为"通"，古今字注释术语为"同"。

3.全书用现代汉语标点符号进行标点。

4.疑难字词、比较难懂的中医学术语，在文中首次出现时加以注释。难字、僻字、异读字，在注释中标汉语拼音。

5.一些中医学术语含义复杂，无法今译为精确、简洁的现代汉语，因此在译文中保留原术语不译，仅在注释中加以说明。

点校译注中的不当之处，敬请各界方家批评指正。

# 序

　　饮食是为了养护人的生命，若粗率不讲法度，就可能给人的身体带来损害，这实在是因为饮食有失讲究造成的。如果讲究饮食了，又有人只注重滋味，不去详究食物对身体的损害，比如吴人丁骘，因为食用河豚而死，但是贪求口味的人一定说他是中风，不是因为吃河豚，这真可笑啊！无限制地追求口腹之欲，反而让人觉得增加了许多累赘。比如穆宁，饱食了珍馐美味，却仍然以杖刑责罚儿子，怪罪他美味提供得太迟，这尤其让人鄙视啊！战国四公子都非常好客，而孟尝君的下等门客也只是得以食用蔬菜。如果一味奢侈，何处是尽头呢？苏易简对宋太宗说，判断食物的味道没有一定的标准，合口味的就是珍馐。夜里饮酒后口干，嚼几根酱菜就认为是仙味。苏东坡煮菜羹醒酒，认为那菜羹的味道里既包含了上等的甘美之味，又饱含霜露的清气，即使再精美的饭食也比不过它。黄庭坚阐发佛家的《食时五观》，倪正父也极度感叹他所言深入透彻。

　　前述这几位先生，难道不曾品尝过各种美味的食物吗？他们却珍视食物本来的味道，表现出对质朴的崇尚，以此警示世人的奢侈贪欲，确实是有缘由的啊！而且食物经过烹饪烧烤，各种作料都用上后，已经失去本身的味道了。食物本身的味道就是淡，淡就是真味。从前有个人偶尔没有吃美味佳肴，而吃了清淡的饭食后说："今天才知道食物的真味道，以前几乎被舌头给蒙骗了。"既然这样，那些每天吃的食物的价格达到一万钱，却仍然说没处下筷子的人，不是因为食物不足，也不是因为味道不好，而是被五味的欲望给淹没了，舌头已经没有了敏锐的味觉。齐世祖曾向侍中虞悰索求各种饮食方，虞悰藏着不肯拿出来，大概是为了防止皇帝的奢侈贪欲。等到皇上醉酒了，他就献出"醒酒鲭鲊"这一食方，或许其中寓有讽谏的意思吧。

阅读《食宪》的人，首先应当戒宰杀生物，不要多戕害动物性命；其次要戒骄奢浪费，不要任意糟蹋东西。偶然遇到一些食材，才按照食谱上的做法去做罢了，而不是为了放纵口欲去根据食谱的做法寻求食材。饮食做到以清洁为原则，以益于健康为根本，才不偏离本书作者的本意。而且除了满足口腹欲望之外，还有很多事情要做，何至于沉湎在饮食中呢？谚语说："三世做官，才知道如何穿衣吃饭。"这话哪里是在炫耀财富，而是说穿衣吃饭都要符合礼仪法度啊！孔子说"食不厌精，脍不厌细"，"不厌"只是适用于特定场合罢了，他自己哪里在这上面花费心思了啊！

海宁杨宫建题

# 养小录序

　　我曾经读《诗经》，感到那时的人们很质朴，再平常的饮食都当是美味。饮食之道，所看重的是食物的本然之味，而不是其他新奇怪异的味道。孟子说："只追求吃喝的人，人们会轻视他。"这样说来，饮食本来不应当太过讲究，但大圣人孔子说"食不厌精，脍不厌细"，又说"人没有不吃喝的，但少有懂得吃喝的趣味的"。

　　《论语》中说食物腐败不吃，颜色不好、气味不好不吃，烹饪生熟失当不吃，乃至于没有适当的酱也不吃，可见他们对于味道是多么小心谨慎啊！而孟子也曾经说："人们的口对于味道有共同的嗜好，肉类能使口愉悦，就像理义能使心愉悦一样。"这是说饮食不是随随便便的。《诗经》中说"曷饮食之"，说"饮之食之"，说"食之饮之"，忠爱的心，都寄寓在饮食中，古人把饮食看得极重要啊！至于味道，则说"或燔或炙"，说"燔之炙之"，说"炰之燔之"，说"燔之炰之"。不说"美酒"，就说"佳肴"；不说"食物多精美呀"，就说"食物多美味呀"；不说"席上的佳肴是什么"，就说"席上的蔬菜是什么"；不说"食物芬芳"，就说"椒酒馨香"；甚至田间祭祀的食物，祭官也一定会尝尝它是否美味。古人对于食物的味道非常重视啊！

　　《周礼》《礼记·内则》中详细地记载了饭食、羹汤、酱类、酒浆的调味方法，叫作和、调、膳（煎）。分别根据四季变化调配各种味道、粮食及腥荤肥腻的食物。酒正依据不同的标准把酿酒的材料分发给下级，了解"五齐""四饮"等酒类饮料的制作情况。笾人负责管理各种盛在笾中的食物，有虎形的盐块、大块鱼肉（炸生鱼）、鲍鱼干，还有干鱼（把鱼放在烤房中烘干）、果脯（水果及果脯）、干粮（熬大米为粉）、糕饼（稻米与黍米合做的饼）、豆粉（豆屑）、糍（糯米粉和黍米粉做成的饼叫糍）。醢人掌管豆中所盛放的食物，有醓（肉汁）、醢（肉酱）、臡（没有骨头的肉酱叫醢，有骨头的叫臡）、菹（腌菜）、酏食（以酒酏为饼）、糁糍（肉同稻米粉煎成的饼）。书里说的实在是详细啊！

　　我认为饮食之道关系到人的生命，制作食物的关键是干净、适宜。适宜指五味配合得当、生熟适合节令，其中的细节很难完备地陈述。清洁是饮食之道的总纲。《诗经》中说："谁能烹鱼，我为他洗锅和甑子。""能"就是具有操作的能力又能做得合宜。各方面能力都具备了，可是器具不洁净，又怎么能做到合宜呢？所以愿意将器具清洁干净的人，实在是重视他的技能啊。器具洁净，这样烹饪出来的食物是否洁净就可想而知了，食物的味道与他的厨艺也是相符合的。禽、兽、虫、鱼，本来是腥臭污秽的东西，把它们清理干净了，不仅味美而且有益于人。水、米、蔬、果原本是洁净的东西，但若处理得马虎随便，做出来也会不好吃。从这个角度来说，如果酒不甘美、肴不美味，怎么能让客人觉得"赴宴真高兴，宴会真丰盛"呢？

　　既然这样，那么孟子所说的"饮食之人"，即孔子所说的"饱食终日，无所用心"之人，才会被轻视，而不是真的针对饮食而说的。那些喜爱饮食的人，大致有三种：一种是"吃喝之人"，这种人饭量很大，吃东西多多益善，不挑剔精细还是粗陋；一种是"专注于口味的人"，他们追求烹饪的精致，广泛搜求珍奇的美味，又加上喜好虚名，对食物不加爱惜，多有浪费，对食物损害人还是有益于人大概顾不上考虑；一种是"养生的人"，他们对饮食的要求是：务求清洁，务必做熟，务必调和食材、时令等，不奢侈浪费，不崇尚猎奇。食物种类本有很多，他们忌食的种类却不少，只要做到有条理、有节制，就对身体有益无损。遵循养生的规律，就能保养身体，以使身体安和。对于日常饮食来说，这才是我们应该崇尚的方式啊。

我家世代耕读，不过奢侈的生活，只是自从祖父以来，所吃的蔬食菜羹，一定要洁净而且做熟，又自从我外出当老师以后，严格遵守孔子"腐败变色、气味不好的食物不吃"的教诲，于是养成了不易改变的习惯。《管子》中说"挑食的人不会长得肥壮"，我实在是挑食的人，适合做个在山林中生活的瘦人。我曾经写了《饮食中庸论》，并主观制定了各种饮食的注意事项，草稿还没完成，就四处游荡了十多年，在公卿当中接受供养。我所遇到的饮食，有的丰盛却不洁净，对这样暴殄天物、糟蹋东西觉得惋惜；有的洁净但不丰盛，我心里就很安稳；有的既丰盛又清洁，就私下想：是不是应当稍稍惜福一些呀！康熙三十七年（1698），我在河南一带游历，客居在宝丰馆舍，当地偏僻，没什么物产，馆舍的厨师质朴但有些笨拙，我每每挑剔饮食，实在是害怕其不洁或不熟，并非不安于淡泊生活。适逢一位名为杨广文（字子健）的先生，他家是河南地区的名门望族，藏有前代所纂辑的《食宪》一书，我就凭借千门杨明府的关系，得以借阅抄录。对书中杂乱之处重新做了订正，将重复的部分删去，讹误的地方加以改正，辑录古方又广泛引证，若与饮食之道无关的就弃置不录。这样一共采录了《食宪》中的十分之五，又增加了自己的所见所闻，有十分之三的篇幅，就改书名为《养小录》，并且记述了以前的一些个人见解作为序言。序写成之后，我反复思量，觉着自己实在是个"饮食之人"啊！

　　　　　　　　　　　　　　　　浙西饕士中村顾仲随记

卷

之

上

# 饮之属

## 论水

　　人不饮食便不能生存，饮食自然应当以水和粮食为主。肉类与蔬菜只是辅助，可以少吃，也可以相互替代。只有水和粮食不可以不精致清洁。天一生水，人之先天，只是一点水。凡是父母资质禀赋清明、嗜好欲望恬淡的，生的孩子必定聪明长寿。这是先天的缘故。《周礼》说：饮水来养阳，吃饭来养阴。水属阴，所以能滋长阳气；谷物属阳，所以能滋养阴气。用后天来滋养先天，能不务必精致清洁吗？所以，凡是污水、浊水、池塘不流动的死水、打雷时所下的雨水、冰雪水（雪水也有用处，但在使用时应有所限制）都损伤人体，千万不可以饮用。

## 取水藏水法

　　水不一定要用江、湖中的水，水流通畅的河道中的水也可以取。在半夜之后，河面上没有舟船行驶的时候，划船到江河中央，多带些罐、瓮取水。多准备些大缸来存水。用青竹棍向左旋转搅动一百多下，当水快速旋转形成漩涡时，立刻停住。

用箸篷盖盖好，不要再触动。

预留一个空缸。三天后用木勺从缸中心轻轻舀水倒入空缸内。舀至原来缸里的水剩余七八分就停止舀水。把原来缸里的白色沉渣以及底下的泥渣，用剩下的水一起洗干净倒掉。将其他缸里的水，也用前面的方法舀到新缸中，再把新缸里的水用竹棍搅过盖好。三天后再舀到别的新缸中，去泥渣。这样操作三遍。

预备洁净的锅（专门用来煮水，用旧的更好），锅里加入水，煮滚煮透后舀入水罐中。每罐里提前加入上好的细冰糖粉三钱，水舀进去就盖好盖子。一两个月后取出来，用来煎茶，味道与泉水没什么差别。存放得越久越好。

## 青果汤

取橄榄三四枚，用木槌敲破（用刀切会因为锈而产生腥味，所以一定要用木器）。将其放入小砂壶中，注入滚开的水，盖好盖子，放一会儿，就可以倒出水来饮用了。

## 暗香汤

腊月早梅开放时，于清晨摘取半开的花朵，连同花蒂放入瓷瓶中。每放入一两花，撒入一两炒盐。不要用手翻动，用箬叶、厚纸将瓷瓶密封起来。入夏时打开取用，先在茶盏里放少许蜂蜜，加入腌制好的梅花三四朵，注入滚水，花在水中舒展开，如鲜花一样。用来充当茶饮，味道芳香，极为可爱。

## 茉莉汤

把厚白蜜涂在碗中心，注意不要让蜜沾在碗边上，每天早晚摘取茉莉花放在另一个碗中，把涂蜜的碗扣在放花的碗上面，中午时取下蜜碗，在蜜碗中加入热水，非常香。

## 柏叶汤

采嫩柏叶，用线拴住悬在大瓮中，用纸糊住瓮口，过一个月后取用。如果柏叶不太干，就再将其密封起来，等到干后取出研成末，存放在锡瓶中。拿来冲泡，颜色翠绿，味道也香。晚上聊天儿时饮用它，让人舒服得几乎像神仙一样，尤其能够醒酒，有益于人。

## 桂花汤

桂花焙干四两，取干姜、甘草少许，盐少许，一起研成末，拌和均匀，贮存起来，不要走散气味。饮用时用白开水冲泡。

# 论酒

酒以时间久的为上品，越久越好。仓促酿成的酒一定不可以饮用，饮用的话必定会损伤身体。这是第一要义。

酒戒酸、戒浊、戒生、戒暴晒、戒冷；务必清澈、洁净，有中和之气。有人说我论酒太严了。那么应当以什么为好呢？我说："不苦、不甜、不咸、不酸、不辣，这样的酒是真正的好酒。"又问："为何不说戒淡呢？"我回答说："淡就不是酒了，不在戒的范围之内。"又问："为什么不说戒甜呢？"我回答说："古人说过，清烈为上，苦次之，酸次之，臭又次之，甜在前面这些条目之下了。酸臭难道可以饮用？而甜又在酸臭之下，所以不必列入戒例。"

又说："一定要取不含这几种味道的酒喝，这样的酒实在难找。你难道不饮酒吗？"我说："酒虽然不可以多饮，又怎能不喝呢？"有人说："那么你饮什么酒呢？"我说："饮用陈酒。有苦、甜、咸、酸、辣味道的酒一定不能放久。如果能放久那肯定是好酒了。所以'陈'这一个字，可以当作酒的姓了。"有人笑说："敢问酒的大名尊号？"我也笑说："酒姓陈，名久，号宿落。"

## 诸花露

仿照烧酒用的锡甑、木桶，缩小比例制作一套器具，用来蒸各种香露。凡是各种花以及各种叶子有香味的，都可以拿来蒸露。蒸出的香露用开水冲泡代替茶，于人有诸多好处。加入酒中能增加味道，调汁能制作糕饼，没有不适用的。

能制作香露的有稻叶、橘叶、桂叶、紫苏、薄荷、藿香、广皮、香橼皮、佛手柑、玫瑰、茉莉、橘花、香橼花、野蔷薇（此花第一）、木香花、甘菊、菊叶、松毛、柏叶、桂花、梅花、金银花、缫丝花、牡丹花、芍药花、玉兰花、夜合花、栀子花、山矾花、蜡梅花、蚕豆花、艾叶、菖蒲、玉簪花，只有兰花、橄榄这两种不能蒸取香露，因为它们的质地太娇嫩，一入甑子蒸就酥烂了。

### 杏酪

甜杏仁用热水浸泡，在水里加入一撮炉灰，等到水冷了就捏去杏仁的皮，用清水漂干净。再加入适量清水，用磨豆腐的方法，把甜杏仁带水磨碎，用绢袋榨汁、去渣。把汁放入锅里煮，煮熟时加入少许蒸粉，取出加上细冰糖粉趁热吃。芝麻酪也是这样的做法。

## 乳酪

取牛奶（或羊奶）一碗，掺入半盅水，放入白面三撮，过滤后下锅，用微火熬煮。等到奶沸，放入细冰糖粉，然后边用大火熬煮边用木勺搅打。熟了后，过滤一下再装入碗中吃。

## 牛乳去膻法

锅中加入黄牛奶，再加二分水。锅上放入低浅的蒸笼，笼底距离牛奶二寸左右，把一斤左右核桃逐个砸裂，不要让核桃彻底裂开，将其均匀排放在蒸笼内，盖好盖子。牛奶用大火烧开后再用文火慢煮。牛奶的膻味全都吸收在核桃内（这样的核桃就不好吃了，可以剥净皮，用盐、酒拌炒后食用）。这些核桃可以拌白糖吃，或者与鸡蛋一同煮着吃。

烧羊肉、牛肉时，也取三四枚核桃放进去，非常去膻味。

# 酱之属

## 甜酱

在三伏天将小麦淘洗干净，放入滚水中，煮一下就捞出来。这样放入锅内煮、捞几次，不要煮太久。把全部小麦沥干水分，放进大竹箩内，用干草盖上。三天后取出来晒干。到来年二月再晒。晒干后去掉麦壳，簸干净，磨成细面。把面罗过后放在缸内，加入适量盐水，用夏布盖住缸口，在太阳下晒成酱，味道很甜。

## 又方

二月时取白面一百斤，蒸成大卷子。劈成大块，装在蒲包内，压实了装箱，等它发酵长出黄毛。七天后取出来。不论干湿，每一斤发黄的面卷，配四两盐。把盐放入滚开的水中化开，沉淀去掉渣子后倒进缸中，再把发黄的卷子放入缸中。等到快要成酱的时候，用竹格细细地搅散，不要留块。

## 又

把白豆炒黄之后磨成细粉，加入面、水，和好，再分成剂子，放在开水中煮熟，切成糕片。做成酵母，敲碎，之后一层碎酵母、一层盐瓜、一层盐卤，层叠着装入瓮中，用泥封住瓮口。经过十个月就做成酱了，味道极甜。

## 仙酱

把桃叶蒸熟，用盖子盖上放置七天，然后再阴干七天。按每斤桃叶用盐二两的比例，把盐放入桃叶中，等桃叶自然化成酱，味道非常妙。

## 一料酱

取上好陈酱（五斤）、芝麻（二升，炒过）、姜丝（五两）、杏仁（二两）、砂仁（二两）、陈皮（三两）、花椒末（一两）、糖（四两），在熬好的菜油中加入上述调料，炒干，装入篓中。三伏天带着走千里路也不会坏。

## 糯米酱

取糯米一小斗，按照常见方法做成带糟的酒。将炒盐一斤、淡豆豉半升、花椒三两、胡椒五钱、大茴香二两、小茴香二两、干姜二两混合磨细后，加入做好的糟酒中和匀，便成美味的酱了。味道最好。

## 豆酱油

把红小豆蒸熟后团成碗大的块，宜干不宜湿，下面铺草，上面盖草，放置在暖和的地方，发白毛后晒干。到来年二月，将大白豆磨成粗粒，橘子去皮，放在一起用适量水煮一夜，捞出后加水磨烂（不宜多放水）。取出去年做的红小豆面团用水洗刷干净，晒干，碾成末，罗过之后和磨烂的大白豆、橘子一起拌炒，最后酌量拌入盐，放入缸中。放在太阳下晒，等颜色变红，另外用一口缸，用细竹箅隔在缸底，把晒好的酱放在箅子上，让酱里的酱油淋下去，取出酱油，仍然放入锅中再煮开，再放入大罐子中晒，酱油的品质越晒越好。剩余的酱，可以用来做酱瓜、酱茄子。

## 又法

　　将黄豆或黑豆煮烂，加入白面，连同煮豆子的水按揉和匀成硬面团，或者做成饼状，或者做成窝窝状。用青蒿盖住，长出黄毛后磨成末，加入煮好的盐水中，晒成酱。用细密的竹算子撑在缸的下半部，把酱放置在算子上，沥下来的就是酱油。

## 秘传造酱油方

　　将好豆渣一斗蒸得极熟，加好麸皮一斗与其拌和均匀。发酵做成曲。取甘草一斤，加水和曲熬浓汤，熬至重十五六斤时，再取好盐二斤半，一同放入缸中。晒熟，滤去渣，放入瓮中，放得越久越鲜，几年都不会坏。

## 急就酱

　　取麦面、黄豆面，或等量，或豆面少麦面多，混合起来，加入盐水，放入锅中熬熟后装在盆里晒。西安做"一夜酱"的方法就是这种。

## 急就酱油

　　取麦麸五升、麦面三升，一起炒成红黄色，加入十斤盐水，太阳晒过后，过滤出酱油。

## 芝麻酱

　　将熟芝麻一斗磨烂后装入瓮中。取农历六月初六的水煮滚开，等到冷却后也倒入瓮中，水量以超过芝麻泥一指的高度为宜。对着太阳晒，到第三十五天打开看看，捞去黑皮，加入好的江米酒糟三碗、好酱油三碗、好酒两碗、红曲末一升、炒绿豆一升、炒米一升、小茴香末一两，和匀继续晒。十四天后就可以食用了。

## 腌肉水

在腊月腌肉剩下的盐水中，投入白矾少许，浮沫全都沉淀下去后，滤去渣滓，用另外一个器皿贮存液体。夏天用它煮出来的鲜肉，不仅味美，还容易存放较长时间。

## 雪咸水

把腊月下的雪贮存在缸中，一层雪一层盐，逐层铺放后盖好缸。入夏后，取出一勺腌雪水煮鲜肉，不用加任何生水、盐、酱，煮好的肉味道如同腌过的一样，肉色红得可爱，放几天也不会坏。这种腌雪水用来制作其他的菜肴，或者用来做酱，都特别好。

## 芥卤

用腌芥菜的盐卤煮过的豆子和萝卜丁，晒干以后放很久都不坏。

## 笋油

南方制作咸笋干时，煮笋的原汤与酱油没什么差别，这是由于煮的时候换笋但不换汤的原因，所以汤汁颜色黑而且润泽，味鲜而浓厚，胜过酱油，是上等的调味品。山里的僧人享用得多，民间少有能得到的。

# 糟

## 甜糟

取上好的白糯米二斗，将其浸泡半天，淘洗干净，蒸成糯米饭。将其摊开，冷却后放入缸中，加入一小盆蒸饭的汤当作浆；取酒曲六块，捣细，过筛后放入糯米饭中拌均匀。在糯米饭中间挖一个窝，把周围按结实，用草盖子盖上，把缸放到温度合适的地方，七天就做成了。把窝内的酒撇出来，糟留在缸里。按每一斗米加入一碗盐的比例放盐，加入适量橘皮末，密封，不要使蝇虫飞入，留着随时取用。

## 糟油

取做好的甜糟十斤，在其中加入麻油五斤、上好的盐二斤八两、花椒一两，拌匀。先把空瓶用细葛布扎住口放在瓮内，然后把拌好的甜糟倒进瓮中，密封。几个月后，空瓶中就沥满了油，这就是糟油，味道甘美至极。

## 浙中糟油

取白酒甜糟（用没有榨过汁的）五斤、酱油二斤、花椒五钱，放入锅中煮滚开，放凉后过滤干净，这样做出的糟油与在瓮内沥出的糟油没什么不同。

## 嘉兴糟油

农历十月，把酒坛中的白酒澄出浑浊的残酒后，将澄清的酒倒入大罐子中，按每斤酒加炒盐五钱、炒花椒一钱的比例，趁热将炒过的盐和花椒倒入酒中，密封。到初夏时取出来，澄去渣子，将澄清的糟油收贮起来。

# 醋

## 七七醋

取黄米五斗，用水浸泡七天，每天换水。第七天，把泡好的黄米蒸成黄米饭，趁热装入瓮中，按平，密封瓮口。第二天翻转一次瓮，到第七天再翻转一次，打开瓮口，加入三石井水，再次密封。过七天搅一次，再过七天再搅一次，再过七天醋就做成了。

### 懒醋

腊月里取黄米一斗，煮烂，趁热加入三块放陈的曲捣成的粗末，拌匀装入罐中，密封。闻到有醋香了，就打开罐子，榨取醋液，剩下的干糟可以留下备用。

### 大麦醋

取二斗大麦，蒸熟一斗、炒熟一斗，晾凉，放入曲末八两，拌匀装入罐中，再将四十斤滚开的水倒进罐子。用夏布盖住罐口，放在太阳下晒（随着时间移动罐子，使它一直晒得到太阳），二十一天后醋就做成了。

### 收醋法

把头道醋过滤干净，煮开后倒入瓮中。将一块烧红的火炭放进去，加入炒小麦一撮，密封。放置很长时间也不坏。

# 芥辣

### 制芥辣

将搁置了二年的陈芥子研细，用少许水调和，放在碗内按紧实。向碗内注入三五次沸水，泡出黄水后，倒掉热水，仍旧按紧实，用韧性好的纸封住碗口，倒扣在冷地上。过一会儿，鼻子闻到辣气了，就把芥末块取出来，用淡醋化开，用布过滤掉渣子。向其中加入二三分细辛会更辣。

## 又法

取芥子一合，放入盆中研磨细。用一小杯醋加点水把芥子末调和均匀。用细绢包住，挤出汁后放在水缸内保存。用的时候加入酱油、醋调和，辛辣无比。

# 梅酱

## 梅酱

三伏天取熟梅子捣烂，不能沾水，也不加盐，晒十天。去掉梅子的核和皮，加入紫苏，再晒十天，然后存放起来。食用的时候加入盐或糖，什么都不加用来代替醋也很好。

## 梅卤

腌青梅的卤汁是很好的东西，凡是制作各种水果蜜饯，放入少许腌青梅的卤汁，水果不仅不会变质，而且颜色鲜艳不褪色。用来代替醋凉拌蔬菜，味道更好。

# 豆

## 豆豉

备好大青豆（一斗，用水浸泡一夜后煮熟。用五升面裹覆煮熟的豆子，摊放在席上晾干，用楮叶盖好。发酵过程中如果豆子黄了就赶快淘洗干净），苦瓜皮（十斤，去掉内层的白膜，切成丁，用盐腌上，榨干水分），细盐（五斤，或者不用），杏仁（四两，煮七次，去掉皮与尖。若用京师甜杏仁，只需要泡一次），生姜（五斤，刮去皮，切丝），花椒（半斤，去掉梗目），薄荷、香菜、紫苏（这三种用量不限多少，都切碎），陈皮（半斤，去掉皮内的白膜，切丝），大茴香、砂仁（各二两），白豆蔻（用一两，或者不用），官桂（五钱），把以上材料与瓜、豆一起拌匀，装入罐子。再将好酒、好酱油等量混合加入罐中，大约八九分满。包好，过几天打开看看。如果淡了就加酱油，如果咸了就加酒。用泥封口后放在太阳下晒。夏天开始制作，秋天就做成了。味道鲜美。

## 红蚕豆

先把一个白梅放在锅子底部，再把淘净的蚕豆放入锅中，在蚕豆中间挖一个窝，窝里放入椒盐、茴香。用苏木煮水，水中加入少许白矾，将煮好的水沿着锅边浇下去，高度以与豆齐平为标准，烧熟之后，盐不会泛出来，而蚕豆呈红色。

## 熏豆腐

将上好的豆腐压得极干，用盐腌过后，洗净晒干，再涂上香油用柴火熏，味道很好。

## 凤凰脑子

把上好的豆腐腌过以后，洗净晒干，加入江米酒再进行腌制。完全入味即成，味道很好。

## 冻腐

在极冷的冬天，把豆腐浸泡在水里，露天放一夜，水结冰了但豆腐不上冻，且豆腐的腥气已经去除，味道极佳。

## 腐干

取上好的豆腐干，用腊月酿的江米酒和酱油浸泡透，取出来切成小方块，与虾米末、砂仁末掺在一起拌匀之后熏干，把炼熟冷却的香油涂在表面，再熏。吃的时候翻过来层叠着装盘，味道奇特而鲜美。

## 响面筋

把面筋切条压干，放在猪油里炸过，再放入香油里炸，炸好用笊篱捞出来，加入椒盐和酒，拌匀，嚼起来清脆有声，又坚又脆，十分好吃。

## 熏面筋

把面筋切成小方块，用水煮过，用甜酱腌制四五天，取出来，放入鲜虾汤内浸泡一夜，再放在火上烘干。浸泡、烘干这个过程往复十来遍，用油稍微炸一下，熏制后食用，也可以翻转装盘。

## 麻腐

把芝麻略炒一下，和着水磨细，用绢滤去渣，收取汁液，煮熟后加入少许绿豆淀粉，饮用时加入白糖。或者不用糖，那就少加水，其会凝固成豆腐状，可以煎，也可以煮，作为素菜食用。

## 粟腐

把罂粟子用制作"麻腐"的方法制作成粟腐，味道最好。

（译者注：为保持原书面貌而保留此方，请勿效仿。）

# 粥

### 暗香粥

把蜡梅花瓣用丝绵包起来，等粥煮熟的时候放入花瓣，再将粥煮滚一次即成。

### 木香粥

把木香花片放进甘草汤里焯过，等粥煮熟的时候放入焯过的木香花片，再将粥煮滚一次即成。味道清新，芳香至极，真是神仙享用的食物啊！

# 粉

### 藕粉

把一节节的藕浸在水里，将一片磨架在缸上，把藕放在磨盘上磨，磨下的浆淌入缸中。用绢袋把藕浆装起来拧绞过滤，使藕粉沉淀，澄去水后晒干。每二十斤藕，可以做成一斤藕粉。

### 松柏粉

取带露水的松柏嫩叶捣烂，把水澄出来，剩下的松柏粉做成糕。用松柏粉做成的糕点颜色嫩绿、清香可爱。

# 饵之属

### 顶酥饼

在生面中加入七分水、三分油，把面和得稍硬一些，这个做外层（硬则入炉时能顶起一层酥皮，过软则黏不发松）。在每斤生面中加入四两糖，用油和面，不用水，这个做内层。擀饼的时候需要对折，对折的次数多，饼的层数就多，内层中装入果馅儿。

### 雪花酥饼

与"顶酥饼"做法相同，把面饼放入炉子中烤，以饼的边缘干了为准，否则饼会破裂。

### 薄脆饼

每斤蒸面放入糖四两、油五两，加水和匀。擀成半指厚的饼，饼擀圆后粘上芝麻放入炉中烤。

### 果馅饼

取生面六斤、蒸面四斤、猪油三斤、蒸粉二斤，用温水和匀，包上果馅儿后放入炉中烘烤。

### 粉枣

把糯米（晒变色，很白的最好）磨成细粉并称过分量后，用开水和成饼，再放入滚开的水中煮透，饼浮起的时候就取出来晾凉。每斤糯米饼中加入七钱芋汁，搅匀和好，切成指头肚儿大小的块，晒得极干后，放入温油中浸泡，以泡软为标准。泡软捞出后，缓慢地放入热油中，再捞出放进滚油里，等到它膨胀变大，仍然放入热油中。等到冷却后取出，将白糖覆满它的表面。

## 玉露霜

取天花粉四两、干葛根一两、桔梗一两，全部碾成粉末，再加入豆粉十两，混合搅拌均匀。干薄荷用水润湿，使它的叶子舒展开来，擦干上面的水迹后，铺在锡盂底部。将细绢隔在薄荷叶上，把拌匀的粉放在细绢上，粉上面再铺一层细绢，再加一层薄荷，盖好后密封，隔水蒸煮，粉熟透后，把锡盂取出来放凉。过一两天取出熟粉，先加入八两白糖，混合均匀，再用模具压制成形。

## 松子海啰干

把糖卤放进锅中，熬一顿饭的工夫，搅动至冷却。下入炒好的面粉，再立即下入剁碎的松子仁，搅匀泼在案板上（提前在案板上抹酥油），擀开，趁热切成象眼块。

## 晋府千层油旋烙饼

取白面一斤、白糖二两（用水化开）、香油四两，和面做成剂子，把剂子擀开。再加入油做成剂子，再擀开。再加入油做成剂子，再擀开。这样反复七次。烙熟以后，味道非常妙。

## 光烧饼

每一斤面，加入半两油、一钱炒盐，用冷水和匀，擀开，放在鏊子上烙。等到饼变硬了，用小火烧熟，极脆，极美味。

## 水明角儿

把一斤白面慢慢撒入开水中，同时不停地将其搅成黏稠的糊糊，再划作一二十块。用冷水浸泡到颜色雪白，放在稻草上渗出水，加入等量豆粉与面块揉到一起，擀成薄皮，包上馅儿。放进笼屉里蒸，非常好吃。

## 酥黄独

将熟山芋切片，再把榛子、松子、杏仁、榧仁等果仁碾成末，和进面糊里，再拌上酱。山芋片蘸上面酱后，放入油中炸熟，味道香美。

## 阁老饼

把糯米淘洗干净，和着水一同磨成粉，沥干。用两份糯米粉、一份白面混合做饼。饼的馅儿随便选用，饼烤熟后，松软甜腻又好吃。

## 核桃饼

把核桃肉去掉皮，和着白糖捣成泥状，用模具压出形状和图案，压好的饼太稀软拿不起来。把蒸熟的糯米饭摊开晾凉，在饭上加上一层纸，把饼置于纸上放一夜，饼就紧实了，糯米饭反而变稀软了。

## 橙糕

把黄橙的四面用刀切破，放入开水中煮熟。把黄橙取出来，去核捣烂，加上白糖，用细葛布沥出汁来，盛在瓷盘中。再炖，炖好凝结成冻就可以切开食用了。

## 梳儿印

取生面、绿豆粉各一半，加入少许薄荷末一同和面，搓成条，像筷子头一般粗。切成二分长的小段，逐个用小梳子压制出花纹，放到油里炸熟，用漏勺捞起，趁热撒上白糖拌匀。

## 蒸裹粽

把白糯米蒸熟，和着白糖一起拌匀，用竹叶裹成小角儿再蒸，或者在糯米中加入馅儿，蒸熟就可以吃了。如果把其从叶子里剥出来再用油煎过，那真是仙人之食啊！

卷
之
中

# 蔬之属

## 腌菜

取白菜一百斤，晒干，不要沾上水，抖去泥土，去掉烂叶。先用盐二斤，一层白菜一层盐地层叠装入缸中，不要用手搅动。腌上三四天，把白菜在卤水里面洗干净后取出来，再一层白菜一层盐地层叠放入另一个罐内，这次大约用盐三斤。叠完菜后加入河水，封好口，可以存放很久（腊月里制作）。

## 又法

把冬天的白菜削去根，去掉烂叶，洗净后挂着晾干。腌制时每十斤白菜放盐十两。把几根甘草先放在瓮内。把盐撒入白菜叶片根部的缝隙里，将白菜层叠放入瓮中。加入土茴香少许（花椒末也可以），用手把白菜按紧实。白菜放到半瓮的高度时，再放几根甘草，然后把瓮装满，用石头压住白菜表面。三天后取出菜来，叠放到另外一个器皿里（器皿必须洁净，忌有生水），将原来的卤汁浇进这个器皿里。等待七天，再依照前面的方法把白菜搬叠到其他器皿里，叠紧实。把新取的井水倒进去，仍旧用石头压住。这样腌出的白菜味美而脆。到春天吃不完的菜，可以先煮熟，再晒干了存放。夏天用温水浸泡过，压去其中的水，用香油拌匀，装入瓷碗，用饭锅蒸熟，味道尤其好。

## 菜齑

把大芥菜洗干净，菜头以十字形劈开，再把小而嫩的萝卜切成两半，都晒去表面的水迹。把芥菜和萝卜切成一寸见方的薄片，装入干净的罐子，加入花椒末、茴香，放入盐、酒、醋，举着罐子摇晃簸动几十次，密封盖住罐口，放在灶上温暖的位置。仍旧每天摇晃簸动一番，三天后就可以吃了。菜齑青色、白色交错相间，新鲜洁净。

## 干闭瓮菜

取菜十斤、炒盐四十两，一层菜一层盐，层叠放入缸内。腌制三天。把菜搬入盆内，把盐揉进菜里，再层叠放置到另一个缸中。盐卤另外存贮。过三天，再次搬再次揉，再层叠装入容器中，卤水再另外存放。这样搬叠九遍后，把白菜装入瓮中，放一层菜，撒一层茴香、花椒末，层层装满，要放得极紧实。每瓮里放入原卤汁三碗，用泥封口，来年吃，味道极妙。

## 闭瓮芥菜

把芥菜洗干净，阴干，放入盐腌制。每天用盐揉，第七天，晾去湿气。把姜丝、茴香、花椒末拌入。先把香油装至罐内一两寸高，再放入菜，按压紧实，装得极满。用箬叶盖住罐口，用竹竿以十字形撑住。翻过来放置三天，沥出油来，再把罐子正放，把沥出的油倒进去，三天颠倒一次，这样做三次后用泥封口。五天后可以打开食用。

## 水闭瓮菜

把大棵的白菜晒软后掰掉外面的叶子，再把菜叶用手裹成一团，在其中放入几粒花椒、茴香。接着叠放在瓮内，装满后用盐封口，从上面倒冷水把瓮灌满。十天倒一次水出来，倒过几次后，用泥封口。次年春天的时候取出来食用，很好吃。

**覆水辣芥菜**

把芥菜的嫩心切成一两寸的长条，晒到十分干。用炒过的盐抓拌腌制，加入茴香、花椒末，拌匀，放入瓮中，按紧实。用香油满浇瓮口，等到油渗下去，再放置一两天，用箬叶盖好，用竹签以十字形紧紧撑住。把瓮倒扣在盆内，等油沥下七八分（沥出的油仍可用），另取一个装有水的盆，把瓮倒扣在盆内，瓮入水一两寸深。每天一换水，七天拿起来。把菜倒在粗纸上，等菜上的水被吸干净了，包好用泥封起来。进入夏天后取来吃时，新鲜青翠。切细丝，浇上好醋，酸辣醒酒，真是佳品啊！

**撒拌和菜法**

在麻油中加入花椒，将其熬一两滚后存放起来。用的时候取一碗出来，加入酱油、醋、白糖，调和得宜，拌菜吃，绝妙。将白菜、豆芽、甜菜、水芹，全部用滚开的水焯过，再用冷水过一下，挤干水分凉拌吃，脆且可口。再加上豆腐皮、木耳、笋丝，更妙。

**细拌芥**

农历十月里，把新鲜的嫩芥菜切碎，放进开水中焯一下就捞起来，再把芥菜与切碎的生莴苣、熟香油、芝麻、细盐拌匀，装入瓮中。腌上三五天就可以吃了。入春后也不变质。

**焙红菜**

把白菜的烂叶、茎及泥土处理干净，不要沾水，晒上一两天。把菜切碎，用缸贮存。用柴火燃烧后的余火焙干，以颜色变黄为度，大约八分干就行。每斤白菜用炒盐六钱揉腌，每天揉三四次，揉七天，拌上茴香、花椒末，装罐压紧实，用箬叶封口，竹竿撑住。将罐子倒置大约一个月后，用泥封口。入夏以后打开吃，味甜且香美，颜色也新奇。

## 水芹

选取肥嫩的水芹菜，晒去水分，放入酱油腌制。取出来蒸着吃，味道很不错。或者在开水内加盐焯过，晒干后放到茶里喝，味道也很妙。

## 生椿

把香椿细切，在烈日下晒干，磨成粉。煎豆腐时放入一撮，吃时虽看不见香椿，但能尝到香椿的香味。

## 蚕豆苗

蚕豆的嫩苗用油炒着吃，或用开水焯了凉拌吃，都很好吃。

## 赤根菜

只取菠菜根，略晒一下，用微量的盐揉腌，用腌制梅子的卤水稍微润湿，将其装入瓶中。取来吃的时候，颜色红而可爱。

# 瓜

## 瓜茄生

取染坊沥过的淡灰色的布晒干。把生茄子和瓜用布裹住储藏，到了冬天仍像新鲜的一样，可以食用。

## 酱王瓜

做甜酱瓜，瓜要用黄瓜。做好的酱黄瓜清脆美味，胜过其他的瓜。

## 瓜齑

取生菜瓜，随它的瓜瓣纹路将其切开，去掉瓤，放入久沸的开水中焯过。焯过的瓜瓣每斤用盐五两，擦腌一下。将豆豉末半斤，醋半斤，面酱一斤半，马芹、川椒、干姜、陈皮、甘草、茴香各半两，芜荑二两，一起研成末，和瓜拌匀之后放入瓮中，按压紧实。在冷的地方放置半个月后，瓜齑就做成了。瓜色如同琥珀一样，味道香美。

## 煮冬瓜

将老冬瓜去皮切块，用最浓的肉汁煮，煮久一点儿，冬瓜的颜色如同琥珀一样，味道也美妙，这样煮出来的冬瓜真是好吃。

## 煨冬瓜

取老冬瓜一个，切下半寸左右顶盖，去掉瓤子。只选用猪肉，或鸡肉，或鸭肉，或羊肉，用好酒酱、香料、鲜汤调和，装满瓜肚，用三四根竹签把瓜盖插牢。把冬瓜竖着放在灶灰堆里，把谷子壳铺在冬瓜底部和四周，一直堆到冬瓜的腰部以上。取出灶内的灰火，堆在冬瓜周围，埋到瓜的顶部以上，煨两个小时，闻到香味了就取出来。除去瓜皮，再一层层切下来食用。里面的肉食、外面的冬瓜，都是美味。山里的酒肉僧人，就这样做着吃。

# 姜

## 糟姜

取生姜一斤，不要沾水，不要损坏姜皮，用干布擦去姜身上的泥土，在社日之前晒到半干。把一斤糟、五两盐，迅速与半干的姜一起拌匀装入罐中。

## 脆姜

嫩姜去皮，加入甘草、白芷、零陵香少许，煮熟后切片食用。

## 醋姜

取嫩姜，用盐腌一宿。把腌出来的卤水和米醋一起煮开几次。等到冷却，放入姜，加入适量砂糖密封贮存。

## 糟姜

嫩姜不要沾水，用布擦去姜皮。每斤姜用盐一两、酒糟三斤，腌制七天，把姜取出来擦干净。再与二两盐、五斤酒糟拌匀，装入另外一个瓮中。没装之前，先捶碎两枚核桃，放在瓮底，这样可以使姜不辣。把糟过的姜放进去后，掺入少许熟的栗子末，这样可以使姜更爽脆。密封严实存放。如果想要姜的颜色变红，可以将牵牛花拌入其中。

# 茄

## 糟茄

有做糟茄的歌诀：五（五斤）糟六（六斤）茄盐十七

（十七两），一碗河水（四两）甜如蜜。做来如法收藏好，吃到来年七月七（放置两天后即可吃）。

深秋时，把肥嫩的小茄子去掉蒂、萼，不要让其沾水，用布擦干净。将小茄子装入瓷盆，加入歌诀说的材料，拌匀，虽然可以用手操作，但不能揉抓。三天后茄子呈绿色，将其装入罐中，用原来的糟水灌满罐子，密封，一个月左右可以食用。这样做出来的糟茄颜色翠绿、味道鲜美，堪称佳品。

### 蝙蝠茄

取嫩的黑茄子，上蒸笼蒸一炷香的时间。取出来压干，加入酱，腌制一天后取出来。晾干水分，用油炸过，然后一层白糖、一层花椒末、一层茄子地层叠装罐，用先前炸茄子的油灌满罐子。味道很妙。

### 囫囵肉茄

取嫩的大茄子，保留蒂，从上头切开半寸左右，轻轻挖出里面的肉，多少随意。把肉剁成馅儿，用油和酱调和得当，把馅儿慢慢塞入茄子内。做好后，把一个个的茄子叠放入锅内，加入汤汁煮熟，然后轻轻捞起来，叠放入碗内。茄子不破而内里有肉，味道奇特而且鲜美。

### 绍兴酱茄

小麦一斗煮熟，将其摊开晾七天后，磨碎。取糯米煮成的烂饭一斗、盐一斤，与磨碎的麦粒一起拌匀，放在太阳下晒七天。把腌过的茄子放进去，继续晒。小茄子晒一天就可以食用，大茄子要多晒几天。

# 蕈

## 香蕈粉

把香菇晒干或者烘干，磨成粉撒入菜肴内，这样做出来的食物的汤汁最鲜美。

## 熏蕈

选择肥大的南香蕈，洗净晾干，放入酱油里浸泡半天取出，架起来放置，等它稍干一些，掺入茴香、花椒细末，用柏枝熏制。

## 酱麻姑

选择又肥又白的麻菇，洗净蒸熟，用江米酒、酱油泡透。味道鲜美。

## 醉香蕈

把香蕈拣干净，用水泡开，熬热油把泡好的香蕈炒熟。原先泡香蕈的水，滤去渣后加入锅中。收干水分把香蕈捞出，放凉，用冷的浓茶洗去油气，沥干，加入上好的江米酒、酱油浸泡。有半天时间，味道就浸透了。这是素食中的妙品。

# 笋

## 笋粉

选取鲜竹笋较老的一头，用切中药材的刀切成极薄的片，放在筛子中晒到极干，磨成粉存放起来。笋粉可以用来调汤，或者用来蒸蛋，或者拌在肉里，在没有鲜笋的季节食用，多么美妙啊！

## 带壳笋

　　选取又短又大的嫩竹笋，用布擦干净。每根都从大头那端挖到靠近尖的部位，用肉馅儿填满挖出来的洞，然后切一块笋肉塞好口，用笋壳包起来，用稻谷壳煨熟。去掉外面的笋壳，不要剥开笋的原皮，装在碗里食用。每人拿一个托盘盛放，一边剥一边吃，味道美而且有趣。

## 熏笋

　　把鲜笋放在肉汤里煮熟，再用炭火熏干，味道清淡而且醇香。

## 生笋干

　　去掉鲜笋老的一头，把剩下的笋劈成两半，太大的劈成四半，切作二寸长左右，用盐揉透后晒干。

## 生淡笋干

　　取带皮的新鲜竹笋尖，晒干后用瓶子贮存，不用放盐，也不要火熏。这是山里僧人的做法。

## 笋鲊

　　剥取嫩的春笋，切成一寸长、四分宽大小，放入蒸笼中蒸熟。加入椒盐、香料拌匀，晒到极干，装入罐中，浇上适量炼熟的香油，密封好。可以长时间存放食用。

## 糟笋

冬笋不要去皮，不要沾水，用布将其擦干净。用筷子戳透笋内的嫩节。把腊月做的香糟放入笋内，再用香糟裹住笋的外面，大头朝上将笋装入罐中，用泥封口。等到夏天时取出食用。

# 卜

## 醉莱菔

取实心的长萝卜，切成四条，用线穿起来晒到七分干。每斤萝卜条用四两盐腌透，再晒到九分干，放入瓶内按紧实，瓶子装八分满。把滴烧酒浇入瓶子中，不要封口。几天后，萝卜会发出臭味，等臭味散发完了，萝卜呈杏黄色，就可以食用了。醉萝卜味道甜美。如果用丝绵包着老香糟塞住瓶子口，萝卜味道更妙。

## 腌水卜

农历九月以后，把水萝卜细细切片，水梨也等量切片。先在罐底放入一撮盐，再放入一层萝卜，再放入一层梨，这样重复叠放满。五六天后会发出臭味，再过七八天后臭味会消失。用盐、醋、茴香、大料煮水，等水凉透，灌满装萝卜和梨的罐子。一个月后把萝卜和梨取出来，用布裹着捶烂，用来解酒，绝妙。

# 餐芳谱

　　各种花和它们的苗、叶、根以及各种野菜、药草，可用于食用的佳品非常多。采的时候要注意干净，去掉干枯部分、虫蛀部分以及虫丝。不要误食有毒的花、草。制作此类菜品必须方法得当，或者煮，或者烹、烧、烤、腌、炸。

　　凡是食用花草，需要先准备料汁：每一大杯醋里，加入甘草末三分、白糖一钱，再加熟香油半杯调和而成，以此作为拌菜的料汁。或者捣姜汁加入料汁中，或者放入芥辣，或者用上好的酱油、江米酒，或者只用一味糟油，有的适宜用花椒末，有的适宜用砂仁，有的可以直接用油炸。

　　凡是鲜花、野菜等，采来以后都要洗净，用滚水一焯就捞起，迅速放入冷水中，冷却后用手团起来挤干水分，凉拌食用，这样做出来的鲜花、野菜就颜色青翠、脆嫩不烂。

## 牡丹花瓣

　　牡丹花瓣用开水焯过后就可以吃，可以用蜂蜜浸泡后吃，也可以用肉汁烩着吃。

## 兰花

　　兰花可以用来做羹汤，也可以用来做菜肴，只是很难获得很多。

## 玉兰花瓣

把玉兰花瓣在面糊中蘸一下后放入油中炸，加糖食用。放入锅中炸之前，先用笊篱把花瓣捞住，否则容易炸过火。

## 蜡梅

把将要开放的蜡梅花，用少量的盐轻微腌过，放在蜂蜜中浸泡，可以用来点茶。

## 迎春花

迎春花用开水焯一下，加酱油、醋凉拌了食用。

## 萱花

萱草的花用开水焯过后加调料凉拌着吃。

## 萱苗

初春，萱草苗刚刚长出来，选取五寸以内，像还没太打开的笋尖的，带着土摘下来。在萱草初生的时候摘取，不妨碍它将来长叶开花。用开水焯过后凉拌了食用，味道肥滑甜美。和冬笋搭配着吃，味道好极了。我给它起名叫"碧云菜"。

## 甘菊苗

甘菊苗可以用开水焯过后凉拌着吃，也可以蘸山药粉后放入油中炸着吃。味道都很香美。

## 枸杞头

枸杞的嫩芽用开水焯过后凉拌，适宜用姜汁、酱油、少量的醋做调料，也可以煮粥吃。冬天可以吃枸杞子。

## 莼菜

莼菜用开水焯一下迅速捞起，用冷水过一下，加入鸡汤、姜、醋拌着吃。

## 野苋

野苋菜用开水焯过后凉拌着吃，胜过炒着吃。野生的苋菜味道胜过家养的。

## 菱科

夏秋季节采摘嫩菱角，去掉叶子和梗，留下圆节，可以用开水焯过后吃，也可以糟着吃。它是野菜中的第一佳品。

## 野白荠

四季都可以采食野白荠的嫩头。生、熟都可以食用。

## 野萝卜

野萝卜看起来像萝卜，但是比萝卜小，根和叶都可以食用。

## 蒌蒿

初春采的蒌蒿的嫩苗，泡到茶里最香，叶子可以做熟吃。夏、秋的蒌蒿茎可以做腌菜。

## 茉莉

茉莉的嫩叶同豆腐一起煮着吃，是绝品。

## 鹅脚花

鹅脚花单瓣的可以食用，重瓣的吃了对身体有害。可以焯过后凉拌着吃，也可以煮着吃。

## 金豆花

金豆花用开水焯过后泡茶喝，味道香美。

## 紫花儿

紫花儿的花和叶子都可以食用。

## 红花子

采红花子，放入水中淘洗净，去掉漂浮的杂质，将捞出的种子捣碎，放入开水中泡出汁水，捞出后再捣再泡。泡好后将泡红花子的水煮开，然后加入醋使它凝固。用绢把凝固的红花子汁包紧，做好后像肥肉一样。放入素菜中非常好吃。

## 金雀花

摘取金雀花，用开水焯过，可以当茶喝。焯过后用糖、醋凉拌着吃也非常美味。

## 金莲花

浮出水面的金莲花，夏天采摘它的叶子，用水焯过，凉拌后食用。

## 看麦娘

看麦娘随小麦生长在田间的土埂上，春季采摘，做熟后食用。

## 狗脚迹

狗脚迹叶子的形状像狗的脚印。霜降的时候采摘，做熟后食用。

## 斜蒿

斜蒿于农历三四月间生发。小的全采，大的只采摘顶端嫩茎叶。用开水焯过，晒干，食用时再泡开，凉拌食用。

## 眼子菜

在农历六七月间采摘眼子菜。它生在水泽中，叶子正面青色，背面紫色。茎柔滑、细长，有几尺长。可以用开水焯过后凉拌着吃。

## 地踏菜

地踏菜又叫"地耳"。春夏季节下雨时生长出来，雨后采摘。做熟了加姜、醋食用。太阳一出来它就干枯了。

## 窝螺荠

在农历正月、二月时采摘窝螺荠，做熟后食用。

## 马齿苋

在初夏时采摘马齿苋。用开水焯过后晒干，到冬天食用。

## 马兰头

马兰头可以熟吃，也可以切碎拌着吃，还可以用开水焯一下再吃，生的可以晒干储存起来以后吃。

## 茵陈蒿

茵陈蒿就是青蒿。春天采摘，把它和进面里做成饼蒸着吃。

## 雁儿肠

雁儿肠于农历二月生发，样子如同豆芽菜。生、熟都可以食用。

## 野荙白

野荙白于初夏时采摘。

## 倒灌荠

倒灌荠可以做熟了吃，也可以用来做酱菜。

## 苦麻薹

苦麻薹在农历二月时采摘。将叶子捣碎，和在面里做成饼，烙熟了吃。

## 黄花儿

黄花儿在农历正月、二月时采摘，做熟了食用。

## 野荸荠

野荸荠在农历四月时采摘，生吃、熟吃都可以。

## 野绿豆

野绿豆的茎、叶与绿豆相似，但比绿豆略小。野绿豆是一种蔓生植物，生吃、熟吃都可以。

## 油灼灼

油灼灼生长在水边，叶子有光泽，像涂了油一样。生吃、熟吃都可以，也可以腌成干菜蒸着吃。

## 板荞荞

在农历正月、二月时就要采摘板荞荞，采回来做熟了吃。三四月间的板荞荞就不好吃了。

## 碎米荠

碎米荠在农历三月时采摘，只能做酱菜。

### 天藕

天藕的根类似藕根，但更小一些。可以做熟了吃，也可以拌调料吃。它的叶子不能吃。

### 蚕豆苗

在农历二月时采摘蚕豆苗。先用香油炒一下，再放入盐和酱煮熟，加入少量葱、姜。

### 苍耳菜

采摘苍耳菜的嫩叶，洗净后用开水焯一下，用姜、盐、酒、酱凉拌后食用。

### 芙蓉花

采芙蓉花的花瓣，用开水泡一两次，拌入豆腐，加入少量胡椒，这样做出来的菜品不仅颜色红白相间，十分可爱，而且味道也很可口。

### 葵菜

葵菜的茎比蜀葵的短，但叶子比蜀葵的大。摘取葵菜的叶子煮食，和做菜羹的方法一样。

### 牛蒡子

农历十月，取牛蒡的根洗干净，略微煮一下，不要煮得太熟，捞起来捶扁、压干。把盐、酱、莳萝、姜、花椒、熟油等调料拌匀，将根放入浸泡，过一两天把根取出来，焙干，跟做肉脯的方法一样。

### 槐角叶

采摘嫩的槐角叶，拣干净，捣烂后收取它的汁液，用来和面做成面条，再用酱炒菜末做成卤。

## 椿根

在秋季之前采挖椿树根。将其捣碎，用罗筛出细粉，和成面团，切成条，放入清水中煮熟吃。

## 凋菰米

凋菰米就是"胡穄"。晒干后去壳，洗干净，蒸成饭，香不可言。

## 锦带花

采摘锦带花，用它做成的汤羹，脆嫩好吃。

## 东风荠

采摘一两升荠菜，洗干净，放入淘过的米三合、水三升，把生姜的一个芽头捶碎，一起放入锅中拌和均匀，表面上浇上一蚬壳芝麻油，就不要再动锅内的食物，一动就会生出油气。煮熟后不用加任何盐、醋。"如果尝过它的味道，海陆八珍吃起来也会让人觉得生厌了。"这就是"东坡羹"。前面的话是苏东坡说的。

## 玉簪花

采摘半开的玉簪花朵，每朵分成三四片。面中加入少量盐、白糖，调匀成面糊，把花在面糊中蘸一下，用油煎着吃。

## 栀子花

采摘半开的栀子花朵，用白矾水焯过，放入细切的葱丝、茴香、花椒末，与黄米饭一起研磨烂，加盐拌匀，腌上半天后就可以食用。或者栀子花在用白矾水焯过之后，同白糖和蜜一起加入面中和匀，加入少许椒盐，做成饼煎了吃，味道也很好。

## 藤花

把紫藤花搓洗干净，加入热盐水和酒拌匀，蒸熟后晒干。当作食物的馅儿时，味道很鲜美；与肉一起做吃食，味道也很好。

## 江荠

江荠生长在腊月时节，生吃、熟吃都可以。开花的时候只可以做成酱菜食用。

## 商陆

采摘商陆的苗和茎，洗干净，蒸得很熟后，加盐和其他调料拌食。紫色的商陆味道好。

## 牛膝

用采韭菜的方法采牛膝苗，采下的苗可以食用。

## 防风

防风的苗可以做菜。用开水焯过后，用调味料凉拌的防风苗，食用后极能祛风。防风芽的颜色像胭脂一样可爱。

## 苦益菜

苦益菜就是胡麻。用它的嫩叶做成的羹汤，口感脆滑，非常甘甜。

## 芭蕉

糯芭蕉的根是黏的，可以食用。把糯芭蕉的根切成大的片，用草灰水煮熟，在清水里漂洗几次，把灰味去干净后，压干水分，和熟油、盐、酱、茴香、花椒、姜末一起研磨搅拌均匀，腌制一两天后取出，用火稍微烘一下，敲软，吃起来像肥肉一样。

## 水菜

水菜的样子类似白菜。农历七八月间，水菜生长在田头或水岸上。水菜多聚集丛生，呈青色。用开水焯一下就吃或者多煮会儿再吃都可以。

## 松花蕊

去掉松花蕊红色的皮，把白嫩的部分用蜂蜜浸泡。将浸泡好的松花蕊稍微烧一下，以把外层的蜜烧熟为度，但火候不要太过，做好后极为香脆。

## 白芷

白芷的嫩根，用蜂蜜浸泡或用酒糟腌制后贮藏起来都可以。

## 天门冬芽、水藻芽、荇菜芽、蒲芦芽

以上蔬菜都可以用开水焯过凉拌着吃，或者做熟了吃。

## 水苔

在初春时采摘嫩的水苔，漂洗干净，用石头压住。无论是用开水焯过后凉拌，还是用油炒，加入酱、醋都适合。

## 灰苋菜

灰苋菜做熟后食用，炒、拌都可以，野生的味道胜过家养的。有火证的人适合吃它。

## 凤仙花梗

凤仙花梗用开水焯过，加入少许盐，晒干，可以存放一年多。晒干的凤仙花梗可以用芝麻拌着吃。新鲜的凤仙花梗可以泡茶，最适合同面筋一起炒着吃。用来炖豆腐、做素菜，也没问题。

## 蓬蒿

在农历二三月间采摘蓬蒿的嫩头，将其洗干净，加入少许盐腌一下，和米粉做成饼，味道香美。

## 鹅肠草

鹅肠草用开水焯熟后加调料凉拌着吃。

## 鸡肠草

鸡肠草即"钟子"。它的蒂、花、根用开水焯过后，都可以加调料凉拌着吃。

## 绵絮头

绵絮头的颜色淡白，柔软如同棉花一样，生长在田埂上。可以和进面粉里做成饼。

## 荞麦叶

在农历八九月间采摘嫩荞麦叶，做熟了吃。

# 果之属

## 青脆梅

青梅（必须在小满前采摘，摘时不能用手触摸，这是最关键的），用筷子去掉核，放在筛子里略微晾干。每三斤十二两梅，用生甘草末四两、盐一斤（炒过，放冷）、生姜一斤四两（不能沾水，捣碎）、青椒三两（很快地摘下来，晾干）、红干椒半两（拣干净杂质），一起炒拌，然后用木匙舀入小瓶子里。先取些盐，留待装好瓶后撒在瓶口的青梅上面。再用双层油纸外加绵纸紧紧扎住瓶口。

## 又法

用白矾水浸透两块粗麻布。先把炒过的盐放在锡瓶底部，上面铺一块布，再用筷子夹取生的青梅放入瓶子，青梅上面用另一块布盖好，把盐撒在上面，最后封好口。这个方法做的青梅虽然不能放很久，但在盛夏极热的时候，取出来招待客人，有什么不可以的呢?

## 橙饼

取大橙子，连皮切成片，去掉核，捣烂，绞汁。略加一些水，加入少许白面一起熬。边熬边迅速搅打均匀，熬熟后加入白糖。迅速搅打使糖溶解，再装入瓷盆，冷却以后切成片。

## 藏橘

用松针包住橘子后装入罐中，放三四个月也不会干。用绿豆贮存橘子，也可以放很久。

## 山楂饼

山楂饼与"橙饼"的做法相同。如果加入少许乌梅汤，山楂饼颜色会更红、更可爱。

## 假山楂饼

把老南瓜去掉皮和瓤之后切成片，加水煮到极烂。搅打均匀，熬至浓稠。加入乌梅汤，再熬至浓稠。加入红花汤，快速搅打。趁湿加入少许白面粉，加入白糖，煮好后盛在瓷盆里，冷却后切成片。与真正的"山楂饼"没什么两样。

## 醉枣

选取大的黑枣，用牙刷刷干净，放在腊月里做的江米酒中浸泡，加入一小杯真烧酒，用瓶子贮存，密封。做好的醉枣过一年也不会坏。

## 梧桐豆

把梧桐子炒一下，再用木槌捶碎。拣出来壳，把梧桐子放进锅中，加入油、盐，像炒豆那样炒熟，炒好后用银匙舀着吃，香美无比。

## 樱桃干

取大的熟樱桃，去掉核，一层樱桃一层白糖，层叠放在瓷盆中，按实，腌半天后倒出糖汁，用砂锅把糖汁煮滚开，仍旧把糖汁浇入层叠放的樱桃中。一天后把樱桃取出来，在铁筛

子上铺油纸，把樱桃放在上面摊匀，用炭火焙，烤到颜色变红
了就取下来。大的樱桃两个套在一起，小的樱桃三四个套在一
起，晒干。

## 蜜浸诸果

做各种蜜浸水果，要先把水果与白梅汁拌匀，加入提炼
得纯净的上好白糖，然后加入蜂蜜，这样做出来的果子颜色新
鲜，味道不变淡，经久不坏。

## 桃参

摘取农历五月成熟的上好桃子，用饭锅炖，炖好取出来，
皮很容易剥去。这样做出来的桃子人吃了大有补益。

## 桃干

取用半生不熟的桃子，蒸熟，去掉皮和核。加入少量盐拌
匀，先晒一下，再蒸再晒。等桃子干了，一层桃干一层白糖，
层叠放入瓶子里，密封严实。用饭锅炖三四次，味道好。"李
干"的做法与此相同。

## 腌柿子

选用秋天半黄的柿子，每一百个柿子用盐五六两，放入缸
中腌下。入春以后取出来食用，有解酒的功效。

## 酥杏仁

把杏仁放在水里泡几次，去掉苦水。然后用香油炸到漂浮
起来，用铁丝漏勺捞起来。完全冷却后食用，味道脆而鲜美。

## 素蟹

把核桃敲碎，不要让它散开。用菜油炒，加入少许浓酱、

白糖、砂仁、茴香、酒，烧一会儿。吃的时候不要把核桃壳随便丢弃。里面大有滋味，越舔味道越好。

## 天茄

天茄用盐水焯一下或者用糖腌制，都可以在饮茶时食用。也可以在焯过后用酱、醋凉拌，就着吃粥尤其好。

## 桃漉

把熟透的桃子装在瓮中，盖住瓮口。七天后，去掉桃子的皮和核。密封二十七天，醋就做好了。味道香美。

## 藏桃法

端午的时候，把小麦面煮成粥糊，放入少许盐，放凉后装入瓮中。瓮内再装满半熟的鲜桃子，密封瓮口。直到冬天，里面的桃子还像新鲜的一样。

## 杏浆

将熟杏研烂，把汁绞出来，盛在瓷盘中，晒干存放。杏浆可以掺水饮用，也可以和进面里做饼。"李浆"也用此法制作。

## 盐李

把黄李用盐揉搓，去掉汁，晒干去核后，再晒。食用的时候用热水洗干净，做下酒菜很好。

## 糖杨梅

每三斤杨梅用一两盐，腌制半天时间。隔水蒸煮浸泡一夜，控干水分。放入二斤白糖、一大把薄荷叶，用手轻轻拌匀，晒干后存放。

## 杨梅生

将腊月里的水与一把薄荷、少许明矾一同装入瓮中。往里投入枇杷、花红、杨梅。这些水果的颜色可保持不变，味道清凉可口。

## 栗子

炒栗子时，先把栗子洗净放入锅中，不要加水。用油灯草三根，绕成圈放在栗子表面。只煮开一滚，就小火焖，要焖久一些，这样做出的栗子甜酥，容易剥皮。熟栗子、风干的生栗子用酒糟腌制了吃，味道更好。

（译者注：根据"只煮一滚"，这里栗子应当是加水煮。前文"勿加水"似应为"勿多加水"。）

## 地梨

将带泥的荸荠风干，除净外面的泥渣，用酒糟腌制后，是下酒菜中的极品。

卷之下

# 嘉肴篇

## 总论

朱彝尊先生说："凡是试厨师手艺，不需要珍贵奇异的菜。只要一道肉菜、一道蔬菜、一道豆腐菜，厨师的水平立刻就显现出来了。"这三道菜极为简单普通，却极难做得出色。

又说："每每见到推荐厨师的人，极赞所推荐的人能节省。要是厨师的能力只是节省，又何必用厨师呢？"我认为，省钱省材料还可以，但是省了味道就说不过去了。省下鲜鱼而用腐烂的，省了鲜肉而用腐败的，省了鲜酱、鲜笋蔬而用过夜的，结果新鲜的鱼、肉、酱、菜很快就腐败不新鲜了。况且既然本性好省，那么一定会省水、省洗涤、省柴火、省火候。赠给这样的人一个别号，不是"省庵"就是"省斋"，让他做道学先生去吧。

凡是烹饪用的香料，或者用来去腥，或者用来增加味道，各有所宜。如果用得不得当，反而破坏了食物的味道。现在将厨师口中的诗赋口诀，大略写在下面，因为操刀之前，也少不了一支引子。

**荤大料**

官桂、良姜、荜拨、陈皮、草蔻、香砂（砂仁）、茴香各一两，二两川椒拣干净。甘草粉儿一两半，杏仁五两不能少，白檀半两全部放入，拌匀后蒸成饼状，再分为鸡蛋黄大小的香料丸。

## 减用大料

将芫荽、荜拨、小茴香、干姜、官桂、良姜、莳萝、二椒（胡椒、花椒）混匀，加水做成丸子任君品尝。

## 素料

胡椒、花椒、炒好的干姜、甘草、莳萝、八角、芫荽、杏仁各取等量，加倍放入榅实效果更好。

# 鱼

## 鱼鲊

取大鱼一斤，切薄片，不要沾水，用布拭净（将白矾加入热水中，水冷后将鱼浸入，过一会儿沥干鱼身上的水，鱼肉变得紧而脆）。夏天的时候用盐一两半，冬天用一两。腌一顿饭的时间后取出来沥干水分，加姜、橘丝、莳萝、葱、花椒末拌匀，入瓷罐按实，用箬叶盖住并用竹签十字架固定，倒扣罐子，将卤水控干净，鱼鲊就做好了。

## 湖广鱼鲊

将大鲤鱼收拾干净，细切成丁香块。再将大约一升半老黄米炒干并碾末，一升半红曲炒干并碾末，将两者和匀。每十斤鱼块，用好酒两碗、盐一斤（夏天则用盐一斤四两），拌腌在瓷器中。冬天半月、春夏十日后取出，洗净，用布包住，将其水分榨干。将川椒二两、砂仁二两、茴香五钱、红豆五钱、甘草少许，一起碾成末。取麻油一斤半、葱白一斤，预备米面一升，同上面的鱼块和调料末一起拌和放入罐中，用石头压紧。冬天半月、夏天七八天后就可食用了，用时再加入花椒之类的作料和米醋，味道就更好了。

## 鱼饼

鲜鱼取腹部肉不取背部肉（去掉鱼的皮和刺），猪肉取肥膘不取精瘦肉。制鱼饼时用肥膘四两、鱼肉一斤、十二个鸡蛋的蛋清。鱼肉与猪肉先分着剁一剁，再把鱼肉、猪肉合在一起剁烂，慢慢加入鸡蛋清和一杯凉水。慢慢加完水后快速将其剁成肉馅儿，锅里先加水，水烧开就停火，用刀把肉馅儿一块块地挑入锅中烹煮，用漏勺把鱼饼取出，放入凉水盆里。调好汤的味道，把鱼饼下到汤里，做好的鱼饼鲜嫩，让人来不及咀嚼就整个吞下去了。

## 冻鱼

将鲜鲤鱼切成小块，用盐腌过以后，加酱煮熟，收干汁水盛起来。用鱼鳞同荆芥煎汁，滤去渣，再煎汁，煎至浓稠时加入鱼肉，调好味道，用锡器密封盛放，悬挂在井中冻好，在吃的时候浇上浓姜醋汁。

## 鲫鱼羹

把鲜鲫鱼收拾干净，用开水焯熟，用手把鱼撕碎，骨头去净。把香菇、鲜笋切丝后和鱼、花椒、酒一起放入汤里。

## 酥鲫

将大鲫鱼收拾干净，把酱油和酒浆加入水中，加一大撮紫苏叶、少许甘草，和鱼一起煮半天时间。鱼熟透之后，骨酥味美。

## 酒发鱼

把大鲫鱼洗净并去鳞、眼、肠、鳃及鳍、尾，不要沾生水。用酒器中剩下的残酒把鱼洗一遍，用布抹干，鱼腹里面用扎上布的筷子头细细搜抹净。取神曲、红曲、胡椒、茴香、川椒、干姜等的细末各一两，拌炒盐二两，装入鱼腹，再把鱼装入罐中，上下加料一层，包好泥封。腊月的时候泥封好，下灯节之后打开，再翻一转，用好酒浸满罐子后泥封。到农历四月就熟了，可以食用，可以放一两年。

## 爨鱼

将鲜鱼去掉皮和骨后切片。用干粉揉过后，然后抖去干粉，加葱、椒、酱油、酒拌和。停置一会儿，放入滚开的汤汁中氽一下，吃的时候加姜汁。

## 炙鱼

把新出水的刀鱼收拾干净。用炭火炙烤到十分干，然后收藏起来。

## 暴腌糟鱼

把腊月里的鲤鱼收拾干净，切大块，擦干。每斤鱼用炒盐四两擦抹，腌一宿，洗净晾干。将好糟一斤同炒盐四两和鱼拌匀，装入瓮中，用纸和箬竹叶包住口，用泥封住。

## 蒸鲋鱼

鲋鱼去内脏不去鳞，用布把血水抹净。把花椒、砂仁、酱研碎（加白糖、猪油同研，更妙），再加入水、酒、葱调和味道，和鱼一起装在锡罐内，将鱼蒸熟。

## 消骨鱼

把橄榄仁或楮实子捣成末，涂抹在鱼身内外，煎熟后鱼骨就化掉了。

## 蛏鲊

取蛏子一斤，用盐一两腌一昼夜再洗净，把水控干，用布包着蛏子，拿石头压住。取姜丝和橘丝各五钱、盐一钱、葱丝五分、花椒三十粒、江米酒糟一大杯，与蛏子拌匀放入瓶中，十日后可食。

## 水鸡腊

选肥大的虎纹蛙，只取两腿上的肉（其余部位的肉做其他菜），用花椒、酒、酱调和成浓汁，把蛙腿放入其中浸泡半天。取出蛙腿，用炭火将其缓慢炙烤干。再蘸浓汁，再炙烤。浓汁烤干了，抹熟油再炙烤，以熟透为标准。烘干，用瓶贮存，可以食用很长时间（色黄不焦为妙）。

## 臊子蛤蜊

将蛤蜊用水煮后去壳。切猪肉，肥瘦各半，切成小骰子块大小，用酒拌匀。将肉块炒煮到半熟，然后下入花椒、葱、砂仁末、盐、醋，和匀，放入蛤蜊同炒一下，取前面煮蛤的原汤烹入（汤不能太多），汤汁烧开后就可以食用了。

## 醉虾

把鲜虾挑拣洗净后放入瓶中，加花椒、姜末拌匀。把好酒烧开泼在虾上。夏季可保存一两天，冬季放不坏。食用时加盐和酱。

## 酒鱼

冬季挑选大鱼，切成大片，用盐抓拌，略微晒干，装入罐中。罐子用烧酒灌满，用泥封口，到来年农历三四月时取出来食用。

## 酒曲鱼

大鱼一斤收拾干净，切作手掌大的薄片。将鱼片与盐二两、神曲末四两、花椒一百粒、葱一把、酒二斤拌匀，放入罐中密封。冬季腌七天后可食用，夏季腌一夜就可食用。

## 甜虾

把河虾在滚水里焯一下，不用放盐，晒干，味道甜美。

## 虾松

把虾米挑拣干净，用温水泡开，下到锅里稍微煮一下后就捞出来。取酱、油各一半把煮过的虾拌匀，用蒸笼蒸过后，在其中放入姜汁，同时加些醋。虾小就少蒸一会儿，虾大就多蒸一会儿。以口感虚松为标准。

## 法制虾米（缺）

## 淡菜

把贻贝的干制品用水洗净，剔除杂质，上锅蒸过之后，用江米酒腌渍。

## 酱鳆

把鲍鱼收拾干净，煮过，切片。把好豆腐切成骰子块大小，炒熟后趁热倒入鲍鱼中拌匀，起锅前烹入好江米酒，这样做出来的鲍鱼味道脆美。

## 虾米粉

把色泽白亮的细虾米烘干之后磨成粉，收贮起来。在做鸡蛋羹、乳腐及各种精细菜，或煎豆腐时撒入虾米粉，都很不错。

## 鲞粉

把宁波的淡黄花鱼干洗净，切块，蒸熟。剥下肉来细细磨碎，把剩下的鱼骨烤酥，将肉与骨用小火烘干后磨粉，收起待用。

## 熏鲫

把鲜鲫鱼收拾干净，擦干。用甜酱腌一宿。洗去甜酱，用油炸过，稍微晾一晾，拿茴香末、花椒末擦匀，用柏枝生火熏烤。

## 糟鱼

把腊月的鲜鱼收拾干净，去掉头、尾，切成方块。用少量的盐腌过，放在太阳下晒，收掉盐水迹。每一斤鱼，用糟半斤、盐七钱、酒半斤，和匀放入罐中，底下和表面须多放糟。严密地封好，每隔三天把罐倒转一次。一个月后可食用。

## 海蜇

用水把海蜇洗净，拌上豆腐略煮一会儿，海蜇的涩味就会去掉而且变得柔脆（豆腐就不能吃了）。煮过的海蜇加江米酒、酱油、花椒腌渍，非常入味。

# 蟹

## 酱糟醉蟹秘诀

秘诀之一：雌蟹中不能掺杂雄蟹，雄蟹中不能掺杂雌蟹，这样蟹肉就能保持长久不松散（这是明朝南院子名妓所传。如果数十个雌蟹装在一个罐子里，只要夹杂一个雄蟹在内，这些螃蟹的蟹黄、蟹油一定会变沙。而雄蟹中夹杂了雌蟹也一样）。

秘诀之二：酒中不能放酱，酱中不能放酒，这样也能使螃蟹长久不沙（如果酒、酱合用，只能尽快食用。否则螃蟹几天之后就会变沙，且容易变坏）。

秘诀之三：蟹必须全是活的，且螯和足不能有损伤。

## 上品酱蟹

备好上好的极浓的甜酱，取鲜活大蟹，每个以麻丝绑定，用手捞酱，像团泥一样糊住蟹，装入罐内封固。两月后打开，脐亮易脱，可食用。如不易脱，再封好等候。食用时以淡酒把酱洗掉，这些酱仍然可以用，而且味道较之前更鲜美。

## 糟蟹

选用三十只雌蟹，用一斤半老酒糟、半斤盐、半斤好醋、一斤半酒腌渍，到第八天就可以食用，可以一直吃到明年。

每只蟹的脐内加入一撮酒糟，罐底铺糟，一层糟一层蟹地层叠装罐，装好后，再用糟灌满罐子，密封住罐口。装螃蟹时以火烧过罐内壁，螃蟹入罐后则不沙。用雌螃蟹是因为它的黄多，然而大的雄螃蟹做糟蟹也很好吃。

### 醉蟹

把甜味的三白酒倒入盆内，将蟹擦净后也放进去。过一会儿，蟹就醉透不动了。把蟹取出来，将脐内泥沙去净，加入椒盐一撮、茱萸一粒（放此物可使螃蟹一年不沙），把蟹反过来，背朝下放入罐内。撒花椒粒，把原来泡蟹的酒浇下，酒面与蟹齐平，封好，每日将蟹转动一次，过半个月就可以食用了。

### 松壑蒸蟹

蟹活着时就将其放入锅里，未免像遭受炮烙之刑一样痛苦。适宜在盆中倒入淡酒，略加水及花椒、盐、白糖、姜、葱汁、菊叶汁，搅匀。放入蟹，让它饮盆中之酒，醉得不动了，方才放入锅中。既供了贪食的肚皮，又存了那万分之一的不忍之心。蟹浸泡的时间长，水煮后就消散了不少味道。解决的办法是把稻草捶软，挽成扁髻形状放入锅中，放至与水面齐平，把螃蟹放在稻草上蒸，那味道就保留得足了。蒸山药、百合、羊眼豆等时，也应当用这样的方法。

### 蟹螯

煮熟的蟹，吃时要掰开。在蟹黄之外，黄白薄膜内，有蟹螯，大小如瓜仁，尖棱六出，像杠杞楞叶的模样，实在可怕。就用蟹爪挑开取出扔掉。如果吃了它，肚子就会痛，因为蟹的毒全部都在这里。

# 禽

## 卤鸡

把小鸡收拾干净，将四两猪板油捶烂，猪板油中加入酒三碗、酱油一碗、香油少许。把茴香、花椒、葱同鸡装入容器中，汁料一半加入鸡的肚子里，一半浇到鸡身上。约浸浮四分，用面饼盖住，再用蒸架架起，隔汤蒸熟，须勤看火候。

## 鸡松

把鸡同黄酒、大小茴香、葱、花椒、盐拌匀，加水煮熟，把去掉皮、骨后的鸡肉用微火慢慢烤干，研极碎，用油调拌，焙干后收藏起来待用。

## 粉鸡

把鸡胸肉去掉筋皮，横切成片，每片捶软，用花椒、盐、酒、酱拌匀。过一顿饭的工夫，在滚汤里焯过，取起，再加入鲜汤中烹调，这样做出来的鸡胸肉十分松嫩。

## 蒸鸡

把嫩鸡收拾干净，用盐、酱、葱、花椒、茴香末均匀涂抹腌制。腌半天后将其放入旋子中，蒸一炷香的时间取出，把鸡撕碎，去掉骨头，酌量加调料调味。再蒸一炷香的时间，味道香美。

## 炉焙鸡

把肥鸡用水煮至八分熟，去骨后切成小块，再把切好的鸡块在锅内熬出油，煸炒一下后用盆盖住。另起一个锅把相同分量的酒、醋、酱油烧得极热，加入香料和少许盐，把这些作料多次少量烹入装鸡的锅，等干了再烹，如此数次。等鸡极酥、极干时出锅。

## 煮老鸡

把一条猪胰脏切碎和老鸡同煮，用盆盖着，不得中途揭开。按照这个方法煮老鸡，则肉软而汤佳。煮老鹅、老鸭也用同样的方法。

## 让鸭

把鸭子收拾干净，从胁下开孔，去除肠杂，再洗净。内用精制猪肉馅儿装满鸭腹，外用茴香、花椒、大料涂抹鸭身，用箬叶片包扎牢固入锅，用钵盖住，文武火轮流煮三次，以把鸭肉煮烂为度。

## 封鹅

把鹅收拾干净，内外都抹一层香油，用茴香、大料及葱把鹅腹填实。腹外用长葱裹紧，放入锡罐，盖住盖子，放入锅中，上面盖大盆，隔水煮。煮至用筷子插入能透底为度。鹅放入罐中都不用汤汁，自然上升的气味凝重而美。吃时再加糟油，或加酱油、醋。

## 白烧鹅

将肥鹅收拾干净，用盐、花椒、葱、酒擦抹鹅身，内外再用酒、蜜涂一遍。把处理过的鹅放入锅中，用竹棒架起。加入酒、水各一杯，盖好锅，用湿纸封缝，纸干了就用水润湿。先烧一大捆草，火灭了再烧一捆草，先不要打开看，等锅盖冷了再打开。翻一下鹅，像前面一样封住盖，再烧一捆草，等锅盖冷却，鹅就熟透了。

## 马瞳泼黄雀

　　把肥的黄雀去掉毛和眼睛，让十多岁的儿童用小指头从黄雀的肛门处挖净腹中物。（如果雀肺能收聚到一碗，将其用酒漂净，配笋芽、嫩姜、美料、酒浆、酱油烹煮。真的很美味。）将淡盐酒灌入雀腹，洗过沥净，一面取猪板油剥去筋膜，捶烂，加入白糖、花椒、砂仁细末、细盐少许，斟酌调和，每雀腹中装入一二匙。将雀放入瓷钵，尾部向上一个挨一个装好。一面将冬天酿好的江米酒、甜酱、油、葱和花椒、砂仁、茴香的粗末调和均匀。先将好菜油在锅里熬沸，再加入前面调好的作料，熬开后舀起，泼入钵内，用瓷盆快速覆盖，等待冷却。另取一钵，将雀搬入，原来在上层的就摆在了下层，原来在下层的就摆在了上层，仍像之前那样装好，取料汁入锅，再煮滚，再舀起泼入，盖好等冷却，再用前面方法泼一遍，雀不走油而味道通透。将雀装入小罐，仍把料汁灌入，包好。如果想马上食用，取一小瓶隔水煮一会儿就可以吃了；如果想长久保留，那么之前就只需泼两次料汁就够了。临到食用时，隔水多煮一会儿就好。雀卤留下炖鸡蛋用，放入少许，味道就绝妙。

# 卵

## 百日内糟蛋

　　新酿三白酒刚刚发出酒浆时，用麻线编成细网，网住鹅蛋，挂在竹棍上，横撑在酒缸口，把蛋浸入酒浆内。隔日过去看蛋壳碎裂的痕迹，像细的哥窑冰裂纹。取出蛋抹去碎壳，不要损坏内衣。预先做好米酒甜糟（江米酒糟更好），多加盐拌匀，把糟裹在蛋上，裹成原蛋一倍大小，装入罐中。一大罐可容纳二十枚蛋，两个多月后就可以食用了。

## 煮蛋

把鸡蛋、鸭蛋和金华火腿一块煮熟后取出，把蛋壳敲出细密的裂纹，再放到原汁中煮一二炷香的时间，味道很妙。剥净蛋壳冷冻后食用，味道更妙。

## 一个蛋

一个鸡蛋可以炖一大碗羹。先用筷子将蛋黄、蛋清搅匀，略加入水再打。渐次加水及酒、酱油，再打，前后需要打很多转。把碗架在锅里，盖好锅盖，炖熟，不要过早掀开锅盖。

## 软去蛋硬皮

取烧开的醋一碗，在其中加入一个鸡蛋，盖好盖子，一会儿鸡蛋外壳化去。用水洗一遍，用纸收水迹。加入酒糟更容易去壳。

## 龙蛋

打几十个鸡蛋，将蛋液一起搅打均匀，装入洗净的猪尿脬内，扎紧后缒入井中。隔一天一夜后取出，煮熟，剥去猪尿脬。黄、白各自凝聚，混成一个大蛋。用大盘托出，供客一笑。

我揣度龙蛋形成的原理，即它接受日月之光照射，经历了一个昼夜的时间，井水分开了其内部的阴阳二界，龙蛋就这样形成了。猪尿腺缒到井中必须要浸得深一些，须浸泡一昼夜。

此蛋用来办宴席，或者用来祭祀，装入旋子里，真是奇观啊！做法要保密。

# 肉

## 蒸腊肉

把腊肉洗净煮过，换水再煮，又换数次，至极净、极淡为止。装入旋子内，加酒、酱油、葱、花椒、茴香蒸熟，这样的腊肉虽然是陈肉，却别有新味，所以称得上佳肴。

## 煮腊肉

煮陈腊肉，经常会散发出哈喇味儿，方法是在其将熟时，把几块烧红的炭火淬入锅内，这样就没有哈喇味儿了。

## 藏腊肉

把腌好的小块肉浸在菜油罐内，随时取用，既不臭也不生虫，泡肉的菜油仍可食用。

## 肉脯

口诀说：一斤肉切十来条，不论猪肉、羊肉、牛肉。加入大杯美酒和小杯醋，葱、花椒、茴香、桂皮也各加入一点，再加入细盐四两，吩咐厨师慢火烧。直到酒、醋都烧干，做好的肉脯味道甘美，使人顾不上谈论孔子闻《韶》的典故了。

## 煮肚

把肚子清理极干净后煮熟，预先铺稻草灰在地上，厚一两寸，把肚子趁热放到灰上，用瓦盆盖紧。过一晚上，肚子的厚度就可增加一倍，加入盐、酒再煮熟就可以食用了。

## 肺羹

用清水洗去肺外面的血污，把淡酒加到一大桶水里搅和好，再用碗将其舀入肺管内。舀完后，肺如巴斗大，扎紧肺管口，入锅煮熟。剥去外皮，去除大小血管，加入细切的松子仁、鲜笋、香菇、豆腐皮，倒入鲜汤做羹，味道很好。

## 煮茄肉

茄子和肉一同煮时，肉经常会变黑，把数枚枇杷核剥净与茄子和肉同煮，肉就不变黑了。

## 夏月冻蹄膏

把猪蹄处理干净，煮熟，去骨后细切。加入溶化了的石花菜一两杯，再加入香料煮至极烂，放入小口瓶内，用油纸包扎，挂在井水内，过一晚上就可破瓶取用。

## 皮羹

将煮熟的火腿皮切成细条子，配以笋、香菇、韭黄、肉汤做成羹，味道不同凡响。

## 灌肚

把猪肚子和小肠收拾干净，将香菇磨粉和小肠拌匀，把拌好的小肠装入猪肚子内，缝上口，煮至极烂。

## 兔生

把兔子去掉骨头后切成小块，用淘米水浸泡后洗净，再用酒浸洗，再漂洗干净，沥干水分。加大小茴香、胡椒、花椒、葱、油、酒和少许醋入锅，烧滚，下兔肉煮熟，就可以食用了。

## 熊掌

加工带毛的熊掌，要在地上挖一个坑，放入半坑石灰，把熊掌放进去，上面再加石灰，用凉水浇，等石灰发热沸腾自然冷却后，取出熊掌，毛容易去根。把去毛后的熊掌洗净，用淘米水浸一二日，再用猪脂油包起来煮，煮好后去掉猪脂油，把熊掌撕成条状，再和猪肉一起炖。

熊掌最难熟透，人吃了没熟透的熊掌，肚子会发胀。熊掌中加椒盐末，用和好的面裹着在饭锅上蒸十多次，才可以吃。或者取几条同猪肉一起煮，这样肉味就会鲜美浓郁。留着熊掌条不吃，等煮猪肉时再拌入，这样伴着煮几十次才能吃，且容易长期保存。熊掌条煮的时间长才能熟透，用糟腌渍后食用更好。

（译者注：为保持原书面貌而保留此方，请勿效仿。）

## 黄鼠

用淘米水把黄鼠浸泡一两天后将其脊背朝下放入蒸笼，蒸上和蒸馒头差不多长的时间，火候宁小也不要太大。蒸好取出，把毛刷得极干净，每一只切作八九块，切的块数多了骨头碎杂，不方便吃。每块鼠肉撒上椒盐末，用面裹上再蒸，小火久蒸，一次蒸熟为妙，如果蒸多次，鼠肉的油脂流失，香味就淡了。蒸好之后，取出用糟腌渍后食用。

# 跋

《清异录》载，段文昌丞相曾经自编《食经》五十卷，当时号《邹平公食宪章》，这本书最初题名为《食宪》，原因在于此。

段文昌丞相精心研究饮馔之事，府第中厨房的匾额上写的是"炼修堂"，在府第之外就叫厨房为"行珍馆"。家中有老婢女主掌烹饪，指点传授女仆厨艺四十年，察看考阅了一百个婢女，只有九个可以继承她的衣钵。这才知道饮食这件事，也具有人才难得之叹啊！

在鼎鼐中调和各种滋味，原本就用来比喻大臣治理国事。自古有君必有臣，就像有饮食之人，就必有厨师一样，看遍了十七史，精于制作饮食的，又有几个人啊！

秀水朱昆田跋

荷花開了，銀塘悄。新涼早，碧翅蜻蜓多少。大水僂僂，通身如綫。野風吹我，同郡人記。蓮邊曾記。

（清） — 金农 — "扬州八怪"之首 — 《墨戏图册》

花卉寫生不難娟秀尚
難酬厚乃于酬厚中雜
以娟秀但与時師較勝
此子耳

（清）— 金农 — "扬州八怪"之首 —《墨戏图册》

（清）— 金农 — "扬州八怪"之首 — 《墨戏图册》

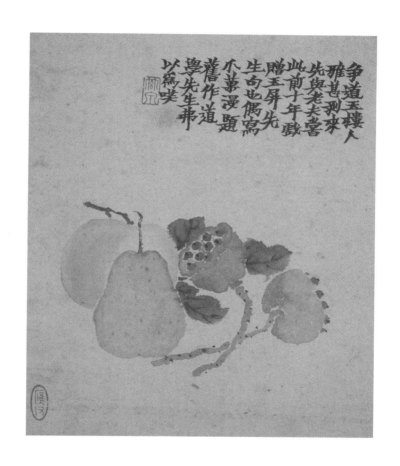

争道玉楼人
雅甚刻来
先与老夫尝
此前十年戏
赠玉屏先
生句也偶写
不兼漫题
旧作道
学先生并
以为笑

（清）— 金农 — "扬州八怪"之首 — 《墨戏图册》

（清）— 金农 — "扬州八怪"之首 — 《墨戏图册》

冬乔茄
子羅蔔
菜付与
山僧作
午餐
二十大
郎金
吉金

（清）— 金农 — "扬州八怪"之首 —《墨戏图册》

（清）—金农—"扬州八怪"之首—《墨戏图册》

原文和注释

# 序

　　饮食以卫生<sup>①</sup>也，粗率无法，或致损人，诚失于讲求耳。苟讲求矣，专工滋味，不审利害，如吴人丁骘<sup>②</sup>，因食河豚死，而好味者必谓其中风，非因食鱼，可笑也。穷极<sup>③</sup>口腹，反觉多累。如穆宁<sup>④</sup>，饱啖<sup>⑤</sup>珍羞<sup>⑥</sup>，而犹杖责其子，罪其迟供，尤可鄙也。战国四公子<sup>⑦</sup>，相尚好客，而孟尝下客<sup>⑧</sup>止食菜。苟一往<sup>⑨</sup>奢侈，何所穷极。苏易简<sup>⑩</sup>对太宗<sup>⑪</sup>，谓物无定味，适口者珍<sup>⑫</sup>，夜饮吻<sup>⑬</sup>燥，咀齑<sup>⑭</sup>数根，以为仙味。东坡煮菜羹醒酒，以为味含上膏，气饱霜露，虽粱肉<sup>⑮</sup>勿过。山谷<sup>⑯</sup>作《食时五观》<sup>⑰</sup>，倪正父<sup>⑱</sup>极叹其深切。

**注释：**

①卫生：护卫、养护生命。

②丁骘（zhì）：字公点，宋代武进（今江苏常州）人。《吴邑志》卷十四引用苏子由文，说丁骘食河豚中毒而死。

③穷极：追求到了极点。

④穆宁：唐代怀州河内（今河南沁阳一带）人，极讲究饮食，据李匡乂《资暇录》载，他命令儿子们轮流准备珍奇美味，"稍不如意则杖之"，有一次他的儿子送来熊脂、鹿肉干，他很喜欢吃，却责怪儿子送来太迟，又把儿子打了一顿。

⑤啖（dàn）：吃。

⑥珍羞：珍美的肴馔。羞，同"馐"。

⑦战国四公子：分别为齐国的孟尝君田文、魏国的信陵君魏无忌、楚国的春申君黄歇、赵国的平原君赵胜。战国时代，四公子礼贤下士，广招宾客，以此扩大自己的势力。

⑧下客：下等的宾客。据《战国策·齐策》，孟尝君的门客分为上、中、下三等，他们吃的、住的都不同。上等门客吃肉住代舍，中等门客吃鱼住幸舍，下等门客吃蔬菜住传舍。

⑨一往：一向，一味。

⑩苏易简：字太简，北宋人，四川梓州铜山（今四川中江）人，曾被宋太宗钦点为甲科状元，官至中书舍人、翰林学士。

⑪太宗：指宋太宗。

⑫物无定味，适口者珍：对食物味道的判断不是一定的，适合自己口味的便是珍馐。

⑬吻：嘴唇。

⑭咀（jǔ）齑（jī）：吃酱菜。咀，嚼，嚼食。齑，切成碎末的菜或肉，此处指腌的酱菜。

⑮梁肉：当作"粱肉"，指精细的饭食。

⑯山谷：黄庭坚，字鲁直，号山谷道人，洪州分宁（今江西修水）人，北宋著名诗人、书法家。

⑰《食时五观》：《食时五观》本非黄庭坚所作，而是出自唐代道宣法师的《四分律删繁补阙行事钞》，是出家人的饮食仪则。

⑱倪正父：倪思，字正甫，亦作"正父"，湖州归安（今浙江湖州）人，南宋学者，官至礼部尚书。


　　此数公者，岂未尝阅历滋味，而宝真示朴①，以警侈欲，良有以②也。且烹饪燔炙，毕聚辛酸③，已失本然之味矣。本然者淡也，淡则真。昔人偶断肴羞④食淡饭曰："今日方知其味，向者几为舌本⑤所瞒。"然则日食万钱，犹曰无下箸处⑥者，非不足也，亦非味劣也，汨没⑦于五味，而舌本已无主也。

齐世祖<sup>⑧</sup>就侍中虞悰<sup>⑨</sup>，求诸饮食方，虞秘<sup>⑩</sup>不出，殆<sup>⑪</sup>亦防人主之侈欲。及上醉，乃献醒酒鲭鲊<sup>⑫</sup>一方，或亦寓讽谏之旨乎。

**注释：**

①宝真示朴：珍视食物的真味，显示出对质朴的重视。

②良有以：的确是有原因的。良，确实。以，原因。

③毕聚辛酸：完全具备了各种味道。辛酸，指代各种味道。

④肴羞：美味的菜肴。羞，同"馐"。

⑤舌本：舌根，舌头。

⑥日食万钱，犹曰无下箸（zhù）处：语出自《晋书·何曾传》，何曾性喜豪奢，"日食万钱，犹曰无下箸处"，意思是一天饮食的费用达到一万钱，仍然说没处下筷子。箸，筷子。

⑦汩（gǔ）没：淹没。

⑧齐世祖：齐武帝萧赜（zé），字宣远，南兰陵（今江苏常州）人，南齐第二位皇帝，齐高帝萧道成的长子。

⑨虞悰（cóng）：字景豫，南朝齐会稽余姚（今浙江余姚）士族文人。

⑩秘：指保守秘密，不予公开。

⑪殆：大概，恐怕。

⑫鲭鲊（qīng zhǎ）：腌青鱼。鲊，用腌、糟等方法加工的鱼类食品。

　　阅《食宪》<sup>①</sup>者，首戒宰割，勿多戕<sup>②</sup>物命；次戒奢费，勿暴殄天物<sup>③</sup>。偶遇物品，按谱依法可耳，勿因谱试法以逞<sup>④</sup>欲。以洁为务，以卫生为本，庶<sup>⑤</sup>不失编是书者之意乎。且口腹之外，尚有事在，何至沈湎<sup>⑥</sup>于饮食中也。谚云："三世作官，才晓着衣吃饭。"岂徒以侈富哉，谓其中节合宜<sup>⑦</sup>也。孔子"食不厌精，脍不厌细<sup>⑧</sup>"，不厌云尔，何所庸心<sup>⑨</sup>焉。

海宁杨宫建题

**注释:**

①《食宪》：为《养小录》的初名。据《清异录》，唐宰相段文昌曾自编
《食经》五十卷，时称《邹平公食宪章》。《食宪》之名即出自此。

②戕（qiāng）：残害，杀害。

③暴殄（tiǎn）天物：任意糟蹋东西。殄，灭绝、绝尽。

④逞：放纵，肆行。

⑤庶：希望，但愿。

⑥沈湎：即沉湎，沈，通"沉"。

⑦中节合宜：即《中庸》所强调的要有度、适当。

⑧食不厌精，脍（kuài）不厌细：出自《论语·乡党》："斋必变食，居
必迁坐。食不厌精，脍不厌细。"厌，满足。脍，细切的鱼或肉。形容
食物要精制细做。

⑨庸心：用心。庸，用。

# 养小①录序

　　尝读《诗》②至民之质③矣，日用饮食，曰旨④哉。饮食之道，所尚在质⑤，无他奇谲⑥也。孟子曰："饮食之人，则人贱⑦之。"是饮食固⑧不当讲求者；乃孔子大圣"食不厌精，脍不厌细"，又曰"人莫不饮食也，鲜能知味也⑨"。

**注释：**

①养小：保养身体。语出自《孟子·告子上》："饮食之人，则人贱之矣，为其养小失大也。"意思是一味讲究饮食的人，是被人轻视的，因为他只注重小节而失去了大节。

②《诗》：指《诗经》，是我国现存的第一部诗歌总集，儒家五经之一。

③民之质：人民生活质朴。

④旨：味美，美味。

⑤质：本质，指食物本来的味道。

⑥奇谲（jué）：奇特怪诞，新奇怪异。

⑦贱：轻贱，轻视。

⑧固：原来，本来。

⑨人莫不饮食也，鲜（xiǎn）能知味也：语出自《中庸》："子曰：道之不行也，我知之矣，知者过之，愚者不及也；道之不明也，我知之矣，贤者过之，不肖者不及也。人莫不饮食也，鲜能知味也。"意思是说修道的人对中庸之道的把握，恰到好处很困难，很容易过度或者不及。一直在做修道这件事，却并不知道道是什么，如同人天天吃饭，却少有人知道饮食的真味是什么。这里是说人们重视饮食，但不能将吃喝变成无止境的欲望去放纵，要有度。鲜，少。

　　夫馈①、餲②、餒③、败④，色恶臭恶⑤，失饪⑥之不食无论已，至不得其酱不食，何兢兢⑦于味也。而孟子亦尝曰："口之于味有同嗜焉，刍豢⑧之悦口，至比于理义之悦心。"是饮食又非苟然⑨者。其在于诗，一曰"曷⑩饮食之"，一曰"饮之食之"，一曰"食之饮之"，忠爱之心，悉寓于饮食，古人之视食饮綦⑪重矣。至于味，则曰"或燔⑫或炙⑬"，曰"燔之炙之"，曰"炰⑭之燔之"，曰"燔之炰之"。不曰"旨酒"，则曰"嘉肴"⑮；不曰"维其嘉矣"，则曰"维其旨矣"⑯；不曰"其肴维何"，则曰"其蔌⑰维何"；不曰"有飶其香"，则曰"有椒其馨"⑱；甚而田间馌饷⑲，亦必尝其旨否。古人之于味重⑳致意矣。

注释：

①馈（yì）：食物腐臭变味儿。

②餲（ài）：食物经久而腐臭变味。

③餒（něi）：指鱼类腐烂。

④败：腐烂，变质。

⑤色恶臭（xiù）恶：颜色不好，气味不好。臭，气味。

⑥失饪（rèn）：烹调不当。

⑦兢（jīng）兢：小心谨慎的样子。

⑧刍豢（chú huàn）：牛、羊、犬、豕之类的家畜，泛指肉类食品。刍，指吃草的牲口。豢，食谷的牲畜。

⑨苟然：随随便便。

⑩曷（hé）饮食之：何不饮食呢？曷，同"盍"，何不。

⑪綦（qí）：极，很。

⑫燔（fán）：烤。

⑬炙（zhì）：烤。

⑭炰（páo）：同"炮"，烧，烤。

⑮不曰"旨酒"，则曰"嘉肴"：不说旨酒，就说嘉肴。旨酒，美酒。嘉肴，美馔。

⑯不曰"维其嘉矣"，则曰"维其旨矣"：《诗经·小雅·鱼丽》："物其多矣，维其嘉矣。物其旨矣，维其偕矣。"后句引文或有误。

⑰蔌（sù）：蔬菜的总称。原文误作"鷇"。

⑱不曰"有饴（bì）其香"，则曰"有椒其馨"：不说芳香的食物，就说馨香的椒酒。饴，食物的香气。椒，花椒。

⑲馌（yè）饷（xiǎng）：一说是给田间耕作的农夫送饭；一说为田间祭祀。

⑳重：很，非常。


　　《周礼》①《内则》②备载食齐③、羹齐、酱齐、饮齐，曰和④、曰调、曰膳⑤（煎也）。各以四时配五味、五谷及诸腥膏⑥。酒正⑦以法式授酒材，辨五齐四饮⑧。笾人⑨掌笾实⑩，曰形盐⑪、膴⑫（炸生鱼）、鲍（大窬）⑬。鱼鱐⑭（以鱼于糒室中糗干之）、实脯（果及果脯）、糗⑮（熬大米为粉）、饵⑯（合蒸为饼）、粉⑰（豆屑也）、糍⑱（饼之曰糍）。醢人⑲掌豆实，曰醓⑳（肉汁）、醢（肉酱）、臡㉑（音泥，无骨曰醢，有骨曰臡）、菹㉒（腌菜）、酏食㉓（以酒酏为饼）、糁糍㉔（肉味合饼煎之）。诚详哉其言之也。

**注释：**

①《周礼》：儒家经典之一，本名《周官》或《周官经》，王莽时改为《周礼》，内容主要是周王朝的官制等。

②《内则》：《礼记》中的一篇，内容主要是古代贵族妇女要遵守的规范和准则、男女儿童养育所应当遵循的要求。

③齐：同"剂"，调味品。

④和：调和味道。

⑤膳：烹调，此处指煎。

⑥腥膏：腥荤肥腻的食物。

⑦酒正：官名，执掌有关酒的政令，为酒官之长。

⑧五齐四饮：指酒正掌管下级制作多种酒、浆类饮料的情况。《周礼·天官冢宰·酒正》："酒正掌酒之政令……辨五齐之名：一曰泛齐，二曰醴齐，三曰盎齐，四曰缇齐，五曰沈齐。……辨四饮之物：一曰清，二曰医，三曰浆，四曰酏（yǐ）。"

⑨笾（biān）人：官名，掌管笾的官员。笾，古代祭祀和宴会时盛果脯的竹器，形状像木制的豆。

⑩笾实：装在笾中的食物。

⑪形盐：制成虎形的盐块，供祭祀使用。

⑫膴（hū）：古代祭祀用的大块鱼肉。《礼记·少仪》："羞濡鱼者进尾，冬右腴，夏右鳍，祭膴。"郑玄注："膴，大脔。"

⑬鲍（bào）：盐渍鱼，干鱼，此指鲍鱼干。脔（luán），切成块状的鱼肉。作者注作"大脔"应误，《周礼》中"大脔"指"膴"。

⑭鱼鳝（sù）：干鱼。

⑮糗（qiǔ）：炒熟的米麦，亦泛指干粮。

⑯饵：糕饼。

⑰粉：米细末，也指谷类、豆类作物籽实的细末。

⑱糍（cí）：用糯米煮饭或用糯米粉、黍米粉制成的糕饼。

⑲醢（hǎi）人：据《周礼》，醢人为掌管供应豆类食具所盛的各种酱制食物的官员。醢，肉酱。

⑳醓（tǎn）：肉汁。此处原文为"醯"（xī），意为醋，原文注明肉汁，此处疑为"醓"，因形近而误作"醯"。

㉑臡（ní）：有骨的肉酱。亦泛指肉酱。

㉒菹（zū）：腌菜。

㉓酏食：酿酒用的薄粥。

㉔糁（sǎn）糍：用肉、鱼、稻米粉调和煎成的饼。

　　余谓饮食之道，关乎性命，治之之要，惟洁惟宜。宜者五味得宜，生熟合节①，难以备陈。至于洁乃大纲矣。诗曰："谁能烹鱼，溉之釜鬵②。"能者具有能事克宜③也。能事具矣，而器不洁，恶乎宜④。故愿为之洁器者，诚重其能事也。器必洁，斯烹之洁可知，正副⑤其能事也。夫禽兽虫鱼，本腥秽也，洁之非独味美且益人。水米蔬果本洁也，卤莽焉则不堪⑥。由斯以谈，酒非和旨⑦，肴非嘉旨⑧，奚以"式燕且喜，式燕且誉"⑨为⑩。

注释：

①合节：合乎季节。

②谁能烹鱼，溉之釜（fǔ）鬵（qín）：谁能烹鱼？我为他洗锅洗甑子。出自《诗经·国风·桧风·匪风》。溉，洗涤。釜，古炊器，敛口，圆底，或有二耳。鬵，釜类烹器。

③克宜：能合适。

④恶乎：何所，怎么。

⑤副：符合。

⑥不堪：糟糕。

⑦和旨：醇和而甘美。

⑧嘉旨：形容酒、肴之美。

⑨式燕且喜，式燕且誉：出自《诗经·小雅·车舝》。

⑩奚……为：怎么……呢？

　　然则①孟子所称"饮食之人"，即孔子所称"饱食终日，无所用心②"之人，故贱之，而非为饮食言也。且夫饮食之人，大约有三：一曰"餔啜③之人"，秉量④甚宏，多多益善，不择精粗；一日"滋味之人⑤"，求工烹饪，博及珍奇，又兼好名，不惜多费，损人益人，或不暇计⑥；一日"养生之人"，务洁清，务熟食，务调和，不侈费，不尚奇。食品本多，忌品不少，有条有节，有益无损，遵生颐养⑦，以和于身，日用饮食，斯为尚矣。

**注释：**

①然则：既然这样，那么……。

②饱食终日，无所用心：整天吃饱了饭，什么心思也不用，游手好闲。

③餔啜（bū chuò）：吃喝。

④秉量：天生的饭量。

⑤滋味之人：专注于口味的人。

⑥或不暇计：大概无暇计较。

⑦遵生颐养：遵循养生的规律，保养身体。

余家世耕读，无鼎烹之奉①，然自祖父以来，蔬食菜羹，必洁且熟，又自出就外傅②，谨守色恶臭恶之语③，遂成痼癖④。《管子》曰"呰⑤食者不肥体"，余真其食者，宜其为山泽癯⑥也。尝著《饮食中庸论》，及臆定⑦饮食各条，草藁⑧未竟，浪游十余载，传食于公卿。所遇或丰而不洁，惜其暴殄天物也；洁而不极丰，意念良安耳；极丰且洁，则私计曰：是不当稍稍惜福耶。岁戊寅⑨游中州⑩，客宝丰馆舍，地僻无物产，官庖人朴且拙，余每每呰食，诚恐不洁与熟，非不安淡泊也。适⑪广文杨君子健，河内⑫名族也，有先世所辑《食宪》一书，余乃因千门杨明府，得以借录其间，杂乱者重订，重复者从删，讹⑬者改正，集古旁引⑭，无预⑮食经者置⑯弗录。录其十之五，而增以己所见闻十之三，因易其名曰《养小录》，并述夙昔<sup>⑰</sup>臆见以为序。序成，反复自忖<sup>⑱</sup>，诚饮食之人也。

浙西饕士<sup>⑲</sup>中村<sup>⑳</sup>顾仲漫识<sup>㉑</sup>

**注释：**

①鼎烹之奉：富人孝顺，要用鼎来做饭奉养父母。鼎烹，指列鼎而烹的豪门贵族，比喻生活奢侈。

②外傅：古代贵族子弟到一定年龄出外就学时的老师被称为外傅，是相对于管教养的内傅而言的。

③色恶臭恶之语：指孔子所说"腐败变色、气味不好的食物不吃"的话。

④痼癖：长期养成不易改变的嗜好。

⑤呰（cí）：应为"訾"，挑剔。

⑥臞（qú）：瘦。

⑦臆定：主观地断定。

⑧草藁（gǎo）：著作的底本。藁，同"稿"。

⑨岁戊寅：指康熙三十七年（1698）。

⑩中州：古地区名，指今河南一带。

⑪适：正好，恰巧，适逢。

⑫河内：指河南省黄河以北的地区，今指河南沁阳一带。

⑬讹（é）：讹误，错谬，错误。

⑭旁引：广泛验证或引证。

⑮预：关涉，牵连。

⑯置：弃置。

⑰夙（sù）昔：泛指昔时，往日。夙，早年。

⑱忖（cǔn）：思量，揣度。

⑲饕（tāo）：特指贪食。

⑳中村：顾仲的号。

㉑漫识（zhì）：随手记载。

卷之上

# 饮之属

## 论水

人非饮食不生，自当以水谷①为主。肴②与蔬但③佐之，可少可更④。惟水谷不可不精洁。天一生水⑤，人之先天，只是一点水。凡父母资禀⑥清明，嗜欲恬淡者，生子必聪明寿考⑦。此先天之故也。《周礼》云：饮以养阳，食以养阴。水属阴，故滋阳；谷属阳，故滋阴。以后天滋先天，可不务⑧精洁乎？故凡污水、浊水、池塘死水、雷霆霹雳时所下雨水、冰雪水（雪水亦有用处，但要相制耳）俱能伤人，切不可饮。

**注释：**

①水谷：水和粮食。

②肴：熟肉，亦泛指鱼肉之类的荤菜。

③但：只，仅。

④更：调换，替代。

⑤天一生水：《周易·系辞》："天一，地二，天三，地四，天五，地六，天七，地八，天九，地十。"天为阳，地为阴，奇数为阳，偶数为阴，阳生阴，水属阴，所以一生水。这是古代阴阳五行学说的内容。

⑥资禀：天资禀赋。

⑦寿考：长寿。

⑧务：务必，一定。

# 取水藏水法

不必江湖也，但就长流通港①内，于半夜后舟楫②未行时，泛舟至中流③，多带罐瓮④取水归。多备大缸贮下。以青竹棍左旋搅百余，急旋成窝，急住手。箬篷盖⑤盖好，勿触动。先时留一空缸。三日后用木勺于缸中心轻轻舀水入空缸内。原缸内水，取至七八分即止。其周围白滓⑥及底下泥滓，连水洗去净。将别缸水，如前法舀过，又用竹棍搅盖好。三日后又舀过去泥滓。如此三遍。预备洁净灶锅（专用煮水，用旧者妙），入水煮滚透，舀取入罐。每罐先入上白糖霜⑦三钱于内，入水盖好。一二月后取供煎茶，与泉水莫辨。愈宿⑧愈好。

**注释：**

①长流通港：水流通畅的河道。

②舟楫：指船只。

③中流：江河的中央。

④瓮（wèng）：小口大腹的陶器。

⑤箬（ruò）篷盖：用箬竹叶或篾编织成的圆锥形盖子。

⑥滓（zǐ）：渣，沉淀的杂质。

⑦白糖霜：细冰糖粉。

⑧宿：久。

## 青果汤

橄榄①三四枚，木槌②击破（刀切则黑锈③作腥，故必用木器）。入小沙壶，注滚水盖好，停顷④斟⑤饮。

**注释：**

①橄榄：橄榄树的果实，皮为青色，也被称为青果。

②槌（chuí）：捶击的木质器具。

③锈：铁质刀上出现的锈迹。

④顷（qǐng）：顷刻，短时间。

⑤斟（zhēn）：往杯子或碗里倒（酒、茶）。

## 暗香汤①

腊月早梅，清晨摘半开花朵，连蒂入瓷瓶。每一两，用炒盐一两洒入。勿用手抄坏，箬叶厚纸密封。入夏取开，先置蜜少许于盏②内，加花三四朵，滚水注入，花开如生。充③茶，香甚可爱。

**注释：**

①暗香汤：宋代林逋《山园小梅》诗有"疏影横斜水清浅，暗香浮动月黄昏"句，此处以"暗香"指梅花。

②盏（zhǎn）：浅而小的杯子。

③充：充当。

## 茉莉汤

厚白蜜涂碗中心，不令旁挂①，每早晚摘茉莉置别碗，将蜜碗盖上，午间取碗②注汤③，香甚。

**注释：**

①旁挂：涂到碗的边缘。

②碗：热水注入涂蜜的碗，而非装茉莉花的碗中。

③汤：热水。

## 柏叶汤

采嫩柏叶，线缚悬大瓮中，用纸糊，经月①取用。如未甚干，更②闭之至干。取为末，藏锡瓶。点汤③翠而香。夜话饮之，几仙人矣，尤醒酒益人。

**注释:**

①经月:经过一个月。

②更:再,又。

③点汤:将茶碾成细末放在茶盏中,用沸水冲入,叫点汤、点茶。这里是指把柏叶末放在盏中,用沸水冲入。

## 桂花汤

桂花焙①干四两,干姜②、甘草各少许,入盐少许,共为末,和匀收贮,勿出气③。白汤点。

**注释:**

①焙:微火烘烤。

②干姜:中药名,为姜的干燥根茎。

③出气:走散气味。

# 论酒

酒以陈者为上,愈陈愈妙。暴酒①切不可饮,饮必伤人。此为第一义。酒戒酸,戒浊,戒生,戒狠暴,戒冷;务清,务洁,务中和之气。或谓余论酒太严矣。然则当以何者为至②?曰:“不苦,不甜,不咸,不酸,不辣,是为真正好酒。”又问:“何以不言戒淡也?”曰:“淡则非酒,不在戒例。”又问:“何以不言戒甜也?”曰:“昔人有云,清烈为上,苦次之,酸次之,臭又次之,甜斯下矣。夫酸臭岂可饮哉?而甜又在下,不必列戒例。”又曰:“必取五味无一可名③者饮,是酒之难也。尔其不饮耶?”余曰:“酒虽不可多饮,又安能④不饮也。”或曰:“然则饮何酒?”余曰:“饮陈酒,盖苦、

甜、咸、酸、辣者必不能陈也。如能陈即变而为好酒矣。是故
'陈'之一字，可以作酒之姓矣。"或笑曰："敢问酒之大名
尊号？"余亦笑曰："酒姓陈，名久，号宿落。"

**注释：**

①暴酒：仓促酿出的酒。

②至：最好，极致。

③无一可名：任何一种味道都称不上。

④安能：怎能。

# 诸花露

仿烧酒锡甀、木桶减小样①，制一具，蒸诸香露。凡诸花
及诸叶香者，俱可蒸露。入汤代茶，种种益人。入酒增味，调
汁制饵，无所不宜。

稻叶、橘叶、桂叶、紫苏、薄荷、藿香、广皮、香橼皮、
佛手柑、玫瑰、茉莉、橘花、香橼花、野蔷薇（此花第一）、
木香花、甘菊、菊叶、松毛、柏叶、桂花、梅花、金银花、缫
丝花、牡丹花、芍药花、玉兰花、夜合花、栀子花、山矾花、
蜡梅花、蚕豆花、艾叶、菖蒲、玉簪花，惟兰花、橄榄二种，
蒸露不上，以质嫩入甀即酥也。

**注释：**

①减小样：指缩小比例做的器具。

## 杏酪①

甜杏仁以热水泡，加炉灰一撮②入水，候冷即捏去皮，清

水漂净。再量入清水，如磨豆腐法，带水磨碎，用绢袋榨汁去渣。以汁入锅煮，熟时入蒸粉少许，加白糖霜热啖。麻酪③亦如此法。

**注释：**

①酪（lào）：用果子或果子的仁做的糊状食品。

②撮（cuō）：量词，10撮等于1勺。

③麻酪：芝麻酪。

## 乳酪

牛乳一碗（或羊乳），搀入水半钟①，入白面三撮，滤过下锅，微火熬之。待滚，下白糖霜，然后用紧火②，将木勺打。一会熟了，再滤入碗吃嘎③。

**注释：**

①钟：量词，同"盅"，茶杯或酒杯的一杯。

②紧火：大火。

③嘎：疑为衍文。

## 牛乳去膻法

黄牛乳入锅，加二分水。锅上加低浅蒸笼，去①乳二寸许，将核桃斤许，逐一击裂，勿令脱开，匀排笼内，盖好密封。文武火煮熟。其膻②味俱收桃内（桃不堪食，剥净，盐、酒拌炒可食）。或加白糖啖，或入鸡子煮食。

烧羊牛肉，亦取核桃三四枚放入，大去膻。

**注释：**

①去：离开，距离。

②膻（shān）：指羊肉的气味，亦泛指臊气。

# 酱之属

## 甜酱

伏天①取小麦淘净，入滚水锅，即时捞出。陆续入即捞，勿久滚。捞毕沥干水，入大竹笥内，用黄蒿②盖上。三日后取出晒干。至来年二月再晒。去膜③播④净，磨成细面。罗过入缸内。量入盐水，夏布⑤盖面，日晒成酱，味甜。

注释：

①伏天：三伏的总称，夏至以后第三个庚日起的三十天为伏天，有初伏、中伏、末伏，是一年中最热的时候。

②黄蒿：枯黄了的蒿草，亦泛指枯草。

③膜：指麦壳。

④播：通"簸"，摇，簸扬，下同。指用簸箕颠簸扬去糠、秕等杂物。

⑤夏布：用苎麻的纤维织成的布，穿着凉爽，适宜制夏装。

## 又方①

二月以白面百斤，蒸成大卷子。劈作大块，装蒲包内，按实盛箱，发黄②。七日取出。不论干湿，每黄一斤，盐四两。将盐入滚水化开，澄去泥滓，入缸下黄。候将熟，用竹格细搅过，勿留块。

注释：

①又方：另一个方子。

②发黄：使面卷块上发酵生出黄衣。黄衣是蒸熟的淀粉制品在发酵过程中

表面所生的霉尘。

## 又

白豆①炒黄磨细粉，对②面水和成剂③，入汤煮熟，切作糕片。盦成黄子④槌碎，同盐瓜、盐卤层叠入瓮，泥头。历十月成酱，极甜。

**注释：**

①白豆：豆的一种。

②对：掺。

③剂：剂子，从和好的长条形面上分出来的小块面。

④盦（ān）成黄子：盖住做成女曲。盦，覆盖。黄子，曲的一种，即女曲。

## 仙酱

蒸桃叶，盖七日，阴①七日。每斤盐二两，自化，至妙。

**注释：**

①阴：阴干，将物品放在通风而日光照不到的地方。

## 一料酱

上好陈酱（五斤）、芝麻（二升，炒）、姜丝（五两）、杏仁（二两）、砂仁（二两）、陈皮（三两）、椒末（一两）、糖（四两）。熬好菜油，炒干入篓。暑月①行千里不坏。

**注释：**

①暑月：夏月。相当于农历六月前后小暑、大暑之时。

## 糯米酱

糯米一小斗，如常法作成酒带糟①。入炒盐一斤、淡豆豉半升、花椒三两、胡椒五钱、大茴二两、小茴二两、干姜二两。以上和匀磨细，即成美酱。味最佳。

**注释：**

①槽：原文为"槽"，疑为"糟"之误。

## 豆酱油

红小豆蒸团成碗大块，宜干不宜湿，草铺草盖置暖处，发白膜①晒干。至来年二月，用大白豆，磨拉半子②，橘去皮，量用水煮一宿，加水磨烂（不宜多水）。取旧面③水洗刷净，晒干，碾末，罗过拌炒，末内酌量拌盐，入缸。日晒候色赤，另用缸，以细竹篦④隔缸底，酱放篦上，淋下酱油，取起，仍入锅煮滚，入大罐，愈晒愈妙。余酱，酱瓜茄用。

**注释：**

①发白膜：长出白毛。

②磨拉半子：用磨磨成粗颗粒。

③旧面：指年前做的红小豆面团。

④篦（bì）：同"箅"。用竹或荆柳编织的遮隔物。

## 又法

黄豆或黑豆煮烂，入白面，连豆汁揣①和使硬，或为饼，或为窝②。青蒿③盖住，发黄磨末，入盐汤，晒成酱。用竹密篦挣④缸下半截，贮酱于上，沥下酱油。

**注释：**

①揣：通"搋"，以手用力揉压。

②窝：窝窝。

③青蒿：也叫"香蒿"，菊科二年生草本植物，有特殊气味，茎、叶可入药，嫩者可食。

④挣：指把竹箅平放撑在缸下部。

## 秘传造酱油方

好豆渣一斗，蒸极熟，好麸皮一斗，拌和。盦成黄子。甘草一斤，煎浓汤，约十五六斤，好盐二斤半，同入缸。晒熟，滤去渣，入瓮，愈久愈鲜，数年不坏。

## 急就酱①

麦面黄豆面，或停②，或豆少面多，下盐水入锅熬熟，入盆晒。西安作"一夜酱"即此。

**注释：**

①急就酱：快速做成的酱。

②停：均等，等份。

## 急就酱油

麦麸五升，麦面三升，共炒红黄色，盐水十斤，合晒淋①油。

**注释：**

①淋（lìn）：过滤。

## 芝麻酱

熟芝麻一斗磨烂。用六月六日水煎滚，候冷入瓮，水淹上一指。对日晒，五七日①开看，捞去黑皮，加好酒娘糟②三碗、好酱油三碗、好酒二碗、红曲末一升、炒绿豆一升、炒米一升、小茴香末一两，和匀晒。二七日用。

**注释：**

①五七日：指五七三十五天。同样，下面的"二七日"为十四天。

②酒娘糟：应为"酒酿糟"，即酿醪糟的米皮。

## 腌肉水

腊月腌肉，剩下盐水，投白矾少许，浮沫俱沉，澄去滓，另器收藏。夏月煮鲜肉，味美堪久。

## 雪咸水

腊雪①贮缸，一层雪，一层盐，盖好。入夏，取水一勺煮鲜肉，不用生水及盐酱，肉味如暴腌②，肉色红可爱，数日不败。此水用制他馔③，及合酱，俱大妙。

注释：

①腊雪：农历十二月下的雪。

②暴腌：刚刚腌制的。

③馔：食物，菜肴。

## 芥卤

腌芥菜盐卤①，煮豆及萝卜丁，晒干，经年不坏。

注释：

①盐卤：腌过菜的带盐的汁水。

## 笋油

南方制咸笋干，其煮笋原汁与酱油无异，盖换笋而不换汁，故色黑而润，味鲜而厚，胜于酱油，佳品也。山僧受用者多，民间鲜致①。

注释：

①鲜（xiǎn）致：很少得到。

# 糟

## 甜糟①

上白江米②二斗，浸半日，淘净，蒸饭。摊冷入缸，用蒸饭汤一小盆作浆；小面③六块，捣细，罗末拌匀。中挖一窝，周围结实，用草盖盖上，勿太冷太热，七日可熟。将窝内酒娘④撇起，留糟，每米一斗，入盐一碗，橘皮末量加，封固，勿使蝇虫飞入，听用⑤。

**注释：**

①甜糟：醪糟，甜米酒，江米酒。

②上白江米：上好的白江米（白糯米）。

③小面：酒曲。

④酒娘：即"酒酿"，江米酒。

⑤听用：等候使用。

## 糟油

作成甜糟十斤，麻油五斤，上盐二斤八两，花椒一两，拌匀。先将空瓶用希布①扎口贮瓮内，后入糟封固。数月后，空瓶沥满，是名糟油，甘美之甚。

**注释：**

①希布：应为"绨（chī）布"之误，一种细葛布。

## 浙中①糟油

白酒甜糟（用不榨者）五斤，酱油二斤，花椒五钱，入锅烧滚，放冷滤净，与糟内所淋②无异。

**注释：**

①浙中：指浙江。

②糟内所淋：指"糟油"条目中用空瓶沥出糟油的方法。

## 嘉兴糟油

十月白酒内，澄出浑脚①，并入大罐，每斤入炒盐五钱，炒花椒一钱，乘热撒下封固。至初夏取出，澄去浑脚收贮。

**注释：**

①浑脚：指盛酒的器皿底部有沉淀物的、比较浑浊的酒。

# 醋

## 七七醋

黄米①五斗，水浸七日，每日换水。七日满，蒸饭，乘热入瓮，按平封闭。次日番②转，第七日再番，入井水三石③，封。七日搅一遍，又七日再搅，又七日成醋。

**注释：**

①黄米：秫（shú）米，高粱米。

②番：同"翻"。

③石：容量单位，10斗为1石。

## 懒醋

腊月黄米一斗，煮糜①，乘熟入陈粗曲②末（三块），拌入罐，封固。闻醋香，上榨③，干糟留过再拌。

**注释：**

①糜（mí）：同"糜"，烂。

②曲：酒曲。蒸煮过的白米中，移入曲霉的分生孢子，然后保温，米粒上便会生长出茂盛的菌丝，此即酒曲。用麦类代替米者称麦曲。

③上榨：上榨子将醋压出来。榨，挤压汁液的器具。

## 大麦醋

大麦，蒸一斗，炒一斗，凉冷，入曲末八两，拌匀入罐，煎滚水四十斤，注入。夏布盖，日晒（移时向阳①），三七日②成醋。

**注释：**

①移时向阳：随着时间移动罐子，使它一直朝向太阳。

②三七日：二十一天。

## 收醋法①

头醋②滤清，煎滚入瓮。烧红火炭一块投入，加炒小麦一撮，封固。永不败。

**注释：**

①收醋法：存放醋的方法。

②头醋：做出来的第一道醋。

# 芥辣

## 制芥辣①

二年陈芥子研细，用少水调，按实碗内。沸汤注三五次，泡出黄水，去汤，仍按实，韧纸封碗口，覆②冷地上。少顷，鼻闻辣气，取用淡醋解开③，布滤去渣。加细辛④二三分，更辣。

注释：

①芥辣：芥末。

②覆：翻倒，翻转。

③解开：化开，溶解。

④细辛：药材名，又名少辛、小辛，可以促进芥末味上冲。

## 又法

芥子一合①，入盆擂②细，用醋一小盏，加水和调。入细绢，挤出汁，置水缸内。用时加酱油、醋调和，其辣无比。

注释：

①合（gě）：容量单位，10合为1升。

②擂：研磨，敲击。

# 梅酱

## 梅酱①

三伏取熟梅捣烂，不见水②，不加盐，晒十日。去核及皮，加紫苏③，再晒十日收贮。用时或盐或糖，代醋亦精。

注释：

①梅酱：梅子酱。

②不见水：不沾水，不碰水。

③紫苏：又名桂荏，一年生草本植物，花淡紫色，种子可榨油，嫩叶可以吃，叶、茎和种子均可入药。

## 梅卤

腌青梅卤汁①至妙，凡糖制各果②，入汁少许，则果不坏，而色鲜不退。代醋拌蔬更佳。

**注释：**

①腌青梅卤汁：腌制青梅的带盐的卤水汁。

②糖制各果：用糖腌渍的各种水果，即蜜饯。

# 豆

## 豆豉①

大青豆（一斗，浸一宿，煮熟。用面五升，缠豆②摊席上，晾干，楮叶③盖好。发中④黄⑤勃⑥淘净），苦瓜皮（十斤，去内白一层，切丁，盐腌，榨干），飞盐⑦（五斤，或不用），杏仁（四两，煮七次，去皮尖。若京师甜杏仁，止泡一次），生姜（五斤，刮去皮，切丝），花椒（半斤，去梗目），薄荷、香菜、紫苏（三味不拘⑧俱切碎），陈皮（半斤，去白切丝），大茴香、砂仁（各二两），白豆蔻（一两，或不用），官桂（五钱），合瓜豆拌匀，装罐。用好酒、好酱油对和加入，约八九分满。包好，数日开看。如淡加酱油，如咸加酒。泥封晒。伏制秋成。美味。

**注释：**

①豆豉（chǐ）：大豆或黑豆蒸煮以后，经发酵制成的豆制品，多用于调味。

②缠豆：包裹在豆子表面。

③楮（chǔ）叶：楮树叶。楮树，落叶乔木，叶子和茎上有硬毛，花淡绿

色，雌雄异株，果实球形，树皮可制纸。

④发中：发酵过程中。

⑤黄：发酵出现黄色。

⑥勃：赶快。

⑦飞盐：细盐。

⑧不拘：不拘泥，不计较，不限制。

## 红蚕豆

白梅一个，先安①锅底，次将淘净蚕豆入锅，豆中作窝，下椒盐、茴香于内。用苏木②煎水，入白矾少许，沿锅四边浇下，平豆为度，烧熟，盐不泛③而豆红。

**注释：**

①安：放置。

②苏木：即苏方，常绿小乔木。

③泛：冒出，透出。

## 熏豆腐

好豆腐压极干，盐腌过，洗净晒干。涂香油熏之，妙。

## 凤凰脑子

好腐腌过，洗净晒干，入酒娘糟。糟透，妙甚。

## 冻腐

严冬①将腐浸水内，露一夜，水冰而腐不冻，然腐气②已除，味佳。

**注释：**

①严冬：极冷的冬天。

②腐气：指豆腥气。

## 腐干

好腐干用腊酒娘[1]、酱油浸透，取出，切小方块。以虾米末、砂仁末掺上熏干，熟香油涂上，再熏。用供翻牒[2]，奇而美。

**注释：**

①腊酒娘：腊月酿的江米酒。

②翻牒：翻转叠起放置。牒，重叠。

## 响面筋

面筋切条压干，入猪油炸过，再入香油炸，笊[1]起椒盐[2]、酒拌，入齿有声，坚脆好吃。

**注释：**

①笊（zhào）：用笊篱捞。

②椒盐：把花椒焙过后加盐轧碎制成的调味品。

## 熏面筋

面筋切小方块，煮过，甜酱酱四五日，取出，浸鲜虾汤内一宿，火上烘干。再浸虾汤内，再烘十数遍，入油略沸熏食，亦可入翻牒。

## 麻腐[1]

芝麻略炒，和水磨细，绢滤去渣，取汁煮熟，加真粉[2]少许，入白糖饮。或不用糖，则少用水，凝作腐。或煎或煮，以供素馔。

**注释：**

①麻腐：芝麻豆腐。

②真粉：绿豆经水磨加工而得的淀粉。

## 粟腐[1]

罂粟子，如制麻腐法，最精。

注释：

[1] 粟腐：用罂粟种子制作的豆腐状食品。为尊重原作，此处保留，罂粟现
在已被禁止种植和食用，请勿效仿。

# 粥

## 暗香粥

落梅瓣，以绵[1]包之，候煮粥熟下花，再一滚。

注释：

[1] 绵：丝绵。

## 木香粥

木香花片，入甘草汤焯[1]过，煮粥熟时入花，再一滚。清
芳之至，真仙供也。

注释：

[1] 焯（chāo）：把食物放入开水中稍微煮一下取出。

# 粉

## 藕粉

以藕节浸水，用磨一片架缸上，以藕磨擦，淋浆入缸，绢
袋绞滤，澄去水晒干。每藕二十斤，可成一斤。

## 松柏粉

带露取嫩叶捣汁，澄粉①作糕。用之绿香可爱。

**注释：**

①澄粉：把水从粉中澄出来。

# 饵之属

## 顶酥饼

生面，水七分，油三分，和稍硬，是为①外层（硬则入炉时，皮能顶起一层，过软则粘不发松）。生面每斤，入糖四两②，油和，不用水，是为内层。擀须开折③，多遍则层多，中实④果馅。

**注释：**

①是为：这是。

②两：清代16两为1斤。

③开折：对折。

④实：填充，充实。

## 雪花酥饼

与"顶酥饼"同法，入炉候边干为度，否则破裂。

## 薄脆饼

蒸面每斤，入糖四两，油五两，加水和。擀开半指厚，取圆①，粘芝麻入炉。

**注释：**

①取圆：把面饼擀成圆形。

## 果馅饼

生面六斤，蒸面四斤，脂油三斤，蒸粉二斤，温水和，包馅入炉。

## 粉枣

江米（晒变色，上白者佳）磨细粉称过，滚水和成饼，再入滚水煮透，浮起取出冷。每斤入芋汁七钱，搅匀和好。切指顶大，晒极干，入温油慢泡，以软为度。渐入热油，后入滚油，候放开，仍入温油。候冷取出，白糖掺粘。

## 玉露霜

天花粉[①]四两，干葛[②]一两，桔梗[③]一两（俱为末），豆粉十两，四味搅匀。干薄荷，用水洒润，放开收水迹，铺锡盂[④]底。隔以细绢，置粉于上。再隔绢一层，又加薄荷，盖好封固，重汤[⑤]煮透，取出冷定。隔一二日取出，加白糖八两，和匀印模。

**注释：**

①天花粉：药材名，为葫芦科植物栝楼的根，有清热泻火、生津止渴、排脓消肿等功效。

②干葛：即干葛根，药材，是葛的干燥块根，有升阳解肌、透疹止泻、除烦止渴的功效。

③桔梗：多年生草本植物。桔梗根可入药，有宣肺、祛痰、排脓等功用。

④锡盂（yú）：用锡做成的盂。盂，盛汤浆或饭食的圆口器皿。

⑤重（chóng）汤：隔水蒸。

## 松子海啰干[①]

糖卤入锅，熬一饭顷[②]，搅冷。随手下炒面，旋[③]下剁碎松子仁，搅匀泼案上（先用酥油抹案），擀开，乘温切作象眼块。

注释：

①海啰干：应为音译，意思不详。

②一饭顷：一顿饭的工夫。

③旋：很快，马上。

## 晋府千层油旋烙饼

白面一斤，白糖二两（水化开），入香油四两，和面作剂，擀开。再入油成剂，擀开。再入油成剂，再擀。如此七次。火上烙之，甚美。

## 光烧饼

每面一斤，入油半两，炒盐一钱，冷水和，擀开，鏊①上煿②。待硬缓火烧熟，极脆美。

注释：

①鏊（ào）：鏊子，一种面向上微微凸起的有腿平底锅，常用于烙饼。

②煿（bó）：烘烤。

## 水明角儿①

白面一斤，逐渐撒入滚汤，不住手搅成稠糊，划作一二十块。冷水浸至雪白，放稻草上，摊出水，豆粉对配②，作薄皮包馅。笼蒸，甚妙。

注释：

①水明角儿：类似烫面蒸饺。

②对配：等量，对等。

## 酥黄独

熟芋①切片，榛②、松、杏、榧③等仁为末，和面拌酱，油炸，香美。

**注释：**

①芋：山芋。

②榛（zhēn）：榛子。

③榧（fěi）：榧子树。常绿乔木，树皮灰绿色，叶线状呈针形，雌雄异株。种子有硬壳，两端尖，仁可以吃，亦可入药。

## 阁老饼①

糯米淘净，和水粉②之，沥干，计粉二分，白面一分。其馅随用，熯③熟，软腻好吃。

**注释：**

①阁老：唐代对资深中书舍人及中书省、门下省属官的敬称。五代、宋以后亦用为对宰相的称呼。明清又用为对翰林中掌诰敕的学士的称呼。

②粉：名词用作动词，磨成粉。

③熯（hàn）：烘干，烘烤。

## 核桃饼

胡桃①肉去皮，和白糖捣如泥，模印②，稀不能持。蒸江米饭，摊冷，加纸一层，置饼于上，一宿饼实，而江米反稀。

**注释：**

①胡桃：即核桃。

②模印：用模具压制出形状和图案。

## 橙糕

黄橙，四面用刀切破，入汤煮熟。取出，去核捣烂，加白糖，稀布裂汁①，盛瓷盘。再顿②过，冻就③切食。

**注释：**

①裂汁：裂，疑应为"沥"之误。

②顿：同"炖"，下同。

③就：成功，完成。

## 梳儿印

生面、绿豆粉停对①，加少薄荷末同和，搓成条，如箸②头大。切二分长，逐个用小梳掠齿③印花纹，入油炸熟，漏勺捞起，乘热洒白糖拌匀。

**注释：**

①停对：分量各占一半。停，同样分量。

②箸（zhù）：筷子。

③掠齿：用梳子齿轻轻压。

## 蒸裹粽

白糯米蒸熟，和白糖拌匀，以竹叶裹小角儿，再蒸，或用馅，蒸熟即好吃矣。如剥出油煎，则仙人之食矣。

卷之中

# 蔬之属

## 腌菜

白菜一百斤，晒干，勿见水，抖去泥，去败叶。先用盐二斤，叠①入缸，勿动手。腌三四日，就卤②内洗净，加盐层层叠入罐内，约用盐三斤。浇以河水，封好，可长久（腊月作）。

**注释：**

①叠：层叠，指一层白菜一层盐地层叠放置。

②卤（lǔ）：腌渍白菜的带盐的水。

## 又法

冬月①白菜，削去根，去败叶，洗净挂干②。每十斤盐十两。用甘草数根，先放瓮内。将盐撒入菜丫③，内排叠瓮中。入莳萝④少许（椒末亦可），以手按实。及半瓮，再入甘草数根，将菜装满，用石压面。三日后取菜，搬叠别器内（器须洁净，忌生水），将原卤浇入。候七日，依前法搬叠，叠实。用新汲水⑤加入，仍用石压。味美而脆。至春间食不尽者，煮，晒干收贮。夏月温水浸过，压去水，香油拌匀，入瓷碗，饭锅蒸熟，味尤佳。

**注释：**

①冬月：指冬天。

②挂干：挂着晾干。

③菜丫：原文为"菜了"，不通，疑为"菜丫"，指白菜叶片根部的
　缝隙。

④莳萝：香料，土茴香。

⑤汲（jí）：从井里取水。也泛指打水。

## 菜齑

　　大芥菜①洗净，将菜头十字劈开，萝卜紧小者，切作两
半，俱晒去水迹。薄切小方寸片，入净罐②，加椒末、茴香，
入盐、酒、醋，擎③罐摇播数十次，密盖罐口，置灶上温处。
仍日摇播一转，三日后可吃。青白间错，鲜洁可爱。

**注释：**

①大芥菜：大叶芥菜，十字花科，芸薹属芥菜的栽培变种。叶子盐腌供食
　用；种子及全草供药用，能化痰平喘、消肿止痛；种子磨粉为芥末，也
　可以榨油。

②罐：原文误作"確"。

③擎（qíng）：举起，向上托。

## 干闭瓮菜

　　菜十斤，炒盐四十两，入缸，一皮①菜，一皮盐。腌三
日。搬入盆内，揉一次，另搬叠一缸。盐卤另贮。又三日，又
搬又揉，又叠过，卤另贮。如此九遍，入瓮，叠菜一层，撒茴
香、椒末一层，层层装满，极紧实。将原汁卤每瓮入三碗，
泥起②，来年吃，妙之至。

**注释：**

①一皮：一层。

②泥起：用泥封口。

## 闭瓮芥菜

菜净阴干，入盐腌。逐日加盐揉七日，晾去湿气。用姜丝、茴香、椒末拌入。先以香油装罐底，一二寸方，入菜筑实极满。箬衬口，竹竿十字撑起。覆三日，沥出油，仍正放，添原汁，三日倒一次，如此者三，泥头。五日可开用。

## 水闭瓮菜

大科①白菜，晒软去叶。每科用手裹成一窝，入花椒、茴香数粒。随叠瓮内，满，用盐筑口上，冷水灌满。十日倒出水一次，倒过数次，泥封。春月供，妙。

**注释：**

①科：同"棵"，量词，用于植物。

## 覆水辣芥菜

菜嫩心切一二寸长，晒十分干。炒盐拿①透，加椒茴末拌匀，入瓮，按实。香油满浇瓮口，俟②油沁③下，再停一二日，以箬盖好，竹签十字撑紧。将瓮覆盆内，俟油沥下七八（油仍可用），另用盆水覆瓮，入水一二寸。每日一换水，七日取起。覆粗纸上，去水迹净，包好泥封。入夏取供，鲜翠可爱。切细好醋浇之，酸辣醒酒，佳品也。

**注释：**

①拿：抓。

②俟（sì）：等候。

③沁：气体、液体等渗入或透出。

## 撒拌和菜法

麻油加花椒，熬一二滚收贮。用时取一碗入酱油、醋、白糖，调和得宜，拌食绝妙。凡白菜、豆芽、甜菜、水芹，俱须滚汤焯过，冷水漂过，抟<sup>①</sup>干入拌，脆而可口。配以腐衣、木耳、笋丝，更妙。

**注释：**

①抟（tuán）：用双手捏之成团。

## 细拌芥

十月内，切鲜嫩芥菜，入汤一焯即捞起，切生莴苣，熟香油、芝麻、飞盐拌匀，入瓮。三五日可吃。入春不变。

## 焙<sup>①</sup>红菜

白菜去败叶、茎及泥土净，勿见水，晒一二日。切碎，用缸贮。灰火<sup>①</sup>焙干，以色黄为度，约八分干。每斤用炒盐六钱揉腌，日揉三四次，揉七日，拌茴椒末，装罐筑实，箬叶竹撑。罐覆月许<sup>③</sup>，泥封。入夏供，甜、香美，色亦奇。

**注释：**

①焙：微火烘烤。
②灰火：火灰，物体燃烧后的余烬、余火。
③月许：一月左右。

## 水芹

取肥嫩者晒去水气，入酱。取出熏<sup>①</sup>食，妙。或汤内加盐焯过，晒干，入茶供，亦妙。

**注释：**

①熏：疑为"蒸"之误。

## 生椿

　　香椿细切，烈日晒干，磨粉。煎腐①中入一撮，不见椿而香。

**注释：**

①煎腐：煎豆腐。

## 蚕豆苗

　　蚕豆嫩苗，或油炒，或汤焯拌食，俱佳。

## 赤根菜①

　　只用菠菜根，略晒，微盐②揉腌，梅卤稍润，入瓶取供，色红可爱。

**注释：**

①赤根菜：菠菜。
②微盐：微量的盐。

# 瓜

## 瓜茄生

　　染坊沥过淡灰，晒干。用以包藏生茄子、瓜，至冬月如生，可用。

## 酱王瓜

　　甜酱瓜，用王瓜①。脆美，胜于诸瓜。

**注释：**

①王瓜：黄瓜的别称。

## 瓜齑

生菜瓜，随瓣切开去瓤①，入百沸汤②焯过。每斤用盐五两，擦腌过。豆豉末半斤，醋半斤，面酱斤半，马芹、川椒、干姜、陈皮、甘草、茴香各半两，芜荑③二两，共末。拌瓜入瓮，按实。冷处放半月后熟。瓜色如琥珀，味香美。

**注释：**

①瓤（ráng）：瓜果皮里包着种子的肉。

②百沸汤：久沸的水。

③芜荑（wú tí）：木名，又名姑榆、无姑。叶、果、皮可入药，仁可做酱，味辛。

## 煮冬瓜

老冬瓜去皮切块，用最浓肉汁煮，久久色如琥珀，味方美妙，如此而冬瓜真可食也。

## 煨①冬瓜

老冬瓜一个，切下顶盖半寸许，去瓤子。净以猪肉，或鸡鸭，或羊肉，用好酒酱、香料、美汁调和，贮满瓜腹，竹签三四根，将瓜盖签牢。竖放灰堆内，则砻糠②铺底及四围，窝③到瓜腰以上。取灶内灰火，周回焙④筑，埋及瓜顶以上，煨一周时⑤，闻香取出。切去瓜皮，层层切下，供食。内馔外瓜，皆美味也。酒肉山僧，作此受用。

**注释：**

①煨（wēi）：把生的食物放在带火的灰里使烧熟。

②砻（lóng）糠：稻谷经过砻磨脱下的壳。砻，脱去稻壳的农具。

③窝：盖，围裹。

④焙：疑为"培"之误。

⑤一周时：一个时辰，指两个小时。

# 姜

## 糟①姜

　　姜一斤，不见水，不损皮，用干布擦去泥，社日②前晒半干。一斤糟，五两盐，急拌匀装入罐。

**注释：**
①糟：用酒或糟腌制食物。
②社日：古时祭祀土神的日子，一般在立春、立秋后第五个戊日，也有四时致祭者。

## 脆姜

　　嫩姜去皮，甘草、白芷①、零陵香②少许，同煮熟切片。

**注释：**
①白芷（zhǐ）：中药名，果实椭圆形，根入药，有镇痛作用，古人以其叶为香料。
②零陵香：中药，古人常用作调料。

## 醋姜

　　嫩姜盐腌一宿。取卤同米醋煮数沸。候冷入姜，量加沙糖封贮。

## 糟姜

　　嫩姜勿见水，布拭去皮。每斤用盐一两、糟三斤，腌七日，取出拭净。另用盐二两、糟五斤拌匀，入别瓮。先以核桃二枚，捶碎，置罐底，则姜不辣。次入糟姜，以少熟栗末掺上，则姜无渣。封固收贮。如要色红，入牵牛花拌糟。

# 茄

## 糟茄

诗曰：五（五斤）糟六（六斤）茄盐十七（十七两），一碗河水（四两）甜如蜜。作来如法收藏好，吃到来年七月七（二日即可吃）。

以霜天①小茄肥嫩者去蒂、萼，勿见水，布拭净。入瓷盆如法拌匀，虽用手不许揉拿②。三日后茄作绿色，入罐，原糟水浇满，封，月许可用。色翠绿味美，佳品也。

注释：

①霜天：深秋时节。

②揉拿：揉抓。

## 蝙蝠茄

嫩黑茄，笼蒸一炷香①。取出压干，入酱，一日取出。晾去水气，油炸过，白糖、椒末层叠装罐，将原油灌满。妙。

注释：

①一炷香：一炷香的燃烧时间，一般为四十分钟左右。

## 囫囵肉茄

嫩大茄留蒂，上头切开半寸许，轻轻挖出内肉，多少①随意。以肉切作饼子料②，油、酱调和得法，慢慢塞入茄内。作好，叠入锅内，入汁汤烧熟，轻轻取起，叠入碗内。茄不破而内有肉，奇而味美。

注释：

①多少：原文为"多小"，"小"应为"少"之误。

②饼子料：馅儿。

## 绍兴酱茄

　　麦一斗煮熟，摊①七日，磨碎。糯米烂饭一斗，盐一斗②，同拌匀，晒七日。入腌茄，仍晒之。小茄一日可食，大者多日。

注释：

①摊：摊开。

②盐一斗：疑应为"盐一斤"。

# 蕈

## 香蕈①粉

　　香蕈或晒或烘，磨粉入馔内，其汤最鲜。

注释：

①蕈（xùn）：菌类植物，生于林木中或草地上，种类很多，有些种类有毒。香蕈即香菇。

## 熏①蕈

　　南香蕈肥大②者，洗净晾干，入酱油浸半日取出，阁③稍干，掺茴、椒细末，柏枝熏。

注释：

①熏：用烟熏炙。

②肥大：原文为"肥白"，按朱彝尊《食宪鸿秘》"熏蕈"条，应为"肥

大"，据改。

③阁：此处同"搁"，架起，支撑。

## 酱麻姑①

择肥白者，洗净蒸熟，甜酒娘、酱油泡醉②。美哉。

**注释：**

①麻姑：即麻菇，又名草菇，味道鲜美。

②泡醉：泡透。

## 醉香蕈

拣净水泡，熬油炒熟。其原泡水，澄去滓，仍入锅。收干取起，停冷①，以冷浓茶洗去油气，沥干，入好酒娘、酱油醉之。半日味透。素馔中妙品也。

**注释：**

①停冷：放凉。

# 笋

## 笋粉

鲜笋老头差嫩①者，以药刀②切作极薄片，筛内晒干极，磨粉收贮。或调汤，或顿蛋③，或拌肉内，供于无笋时，何其妙也。

**注释：**

①差嫩：欠嫩，不太嫩。

②药刀：切中药材的刀。

③顿蛋：即蒸蛋羹。

## 带壳笋

嫩笋短大者，布拭净。每从大头挖至近尖，以饼子料肉灌满，仍切一笋肉塞好，以箬包之，砻糠煨热①。去外箬，不剥原枝，装碗内供之。每人执一案②，随剥随吃，味美而趣。

注释：

①热：疑为"熟"之误。

②案：器具名。有足的盘盂类食器。

## 熏笋

鲜笋肉汤煮熟，炭火熏干，味淡而厚。

## 生笋干

鲜笋去老头，两擘①，大者四擘，切二寸许，盐揉透晒干。

注释：

①两擘（bò）：剖作两半。擘，分开、剖裂。

## 生淡笋干

鲜笋皮尖，晒干瓶贮，不用盐，亦不见火。山僧法也。

## 笋鲊

春笋剥取嫩者，切一寸长，四分阔，上笼蒸熟。入椒盐香料拌，晒极干，入罐，量浇熟香油，封好。久用。

## 糟笋

冬笋勿去皮，勿见水，布拭净。以箸搠①笋内嫩节，令透。入腊香糟②于内，再以糟团③笋外，大头向上入罐泥封。夏用。

**注释:**

①搠（shuò）：刺，戳。

②腊香糟：腊月做的香糟。

③团：环绕，围绕。

# 卜

## 醉莱菔①

线茎②实心者，切作四条，线穿晒七分干。每斤用盐四两，腌透，再晒九分干，入瓶捺③实，八分满。用滴烧酒浇入，勿封口。数日后，卜气发臭，臭过作杏黄色，即可食。甜美。若以绵包老香糟塞瓶上，更妙。

**注释:**

①莱菔：萝卜。

②线茎：细长，长条形状的。

③捺（nà）：按。

## 腌水卜

九月后，水卜①细切片，水梨切片，停配。先下一撮盐于罐底，入卜一层，加梨一层，叠满。五六日发臭，七八日臭尽。用盐、醋、茴香、大料煮水，候冷灌满。一月后取出，布裹捶烂，用以解酒，绝妙。

**注释:**

①水卜：水萝卜，指红皮白肉的萝卜。

# 餐芳谱

凡诸花及苗、叶、根，与诸野菜、药草，佳品甚繁。采须洁净，去枯蛀虫丝①。勿误食。制须得法②，或煮或烹、燔、炙、腌、炸。

凡食芳品，先办汁料：每醋一大钟③，入甘草末三分④，白糖一钱，熟香油半盏和成，作拌菜料。或捣姜汁加入，或用芥辣，或好酱油、酒娘，或一味糟油，或宜椒末，或宜砂仁，或用油炸。

凡花菜采得洗净，滚汤一焯即起，亟⑤入冷水漂半刻⑥，扮干拌供，则色青翠，脆嫩不烂。

**注释：**

①丝：虫子所吐的丝。

②得法：获得正确的方法或找到窍门。

③一大钟：一大杯。

④三分：古代1斤16两秤的1钱等于10分，"三分"即0.03两。

⑤亟（jí）：疾速。

⑥半刻：表示短暂的时间，一会儿。

## 牡丹花瓣

汤焯可，蜜浸可，肉汁烩①亦可。

**注释：**

①烩（huì）：菜炒熟后加芡粉拌和。原文误作"脍"，意为细切的鱼肉。

## 兰花

可羹<sup>①</sup>可肴<sup>②</sup>，但难多得耳。

**注释：**

①羹：用肉类或菜蔬等制成的带浓汁的食物。此处用作动词，做成羹。

②肴：熟肉，亦泛指鱼肉之类的荤菜。此处用作动词，做成肴。

## 玉兰花瓣

面拖<sup>①</sup>油炸，加糖。先用笊一掏，否则炮<sup>②</sup>。

**注释：**

①面拖：在面糊中蘸一下。

②炮：焚烧，此指炸得太过。

## 蜡梅

将开者，微盐拿<sup>①</sup>过，蜜浸<sup>②</sup>，点茶。

**注释：**

①拿：抓拌。

②蜜浸：用蜂蜜浸泡。

## 迎春花

热水一过，酱醋拌供。

## 萱花<sup>①</sup>

汤焯拌食。

**注释：**

①萱花：萱草的花，即黄花菜。

## 萱苗

春初苗苗<sup>①</sup>，五寸以内，如笋尖未甚豁开者，著土<sup>②</sup>摘下，初③不碍将来花叶也。汤焯拌供，肥滑甜美。佐以冬笋，风味佳绝。余名之曰"碧云菜"。

**注释：**

①苗：草木初生。

②著（zhuó）土：带着土。著，通"着"。

③初：指刚长出来的时候。

## 甘菊苗

汤焯拌食。拖①山药粉油炸。香美。

**注释：**

①拖：蘸一下。

## 枸杞头①

焯拌宜姜汁、酱油、微醋，亦可煮粥。冬食子②。

**注释：**

①枸杞头：枸杞的嫩芽，枸杞尖。

②子：指枸杞子。

## 莼菜①

汤焯急起，冷水漂，入鸡肉汁、姜、醋拌食。

**注释：**

①莼（chún）菜：又名水葵，多年生水草，叶片椭圆，浮于水面。茎上和叶的背面有黏液，花暗红色，嫩叶可以做汤菜。

## 野苋①

焯，拌胜于炒食。胜家苋。

**注释：**

①苋（xiàn）：苋菜，一年生草本植物，嫩苗可作为蔬菜。

## 菱<sup>①</sup>科

夏秋采嫩者去叶梗，取圆节，可焯可糟<sup>②</sup>。野菜中第一品。

**注释：**

①菱：一年生水生草本植物。果实有硬壳，一般有角，俗称菱角。

②糟：用江米酒等腌制。

## 野白荠

四时采嫩头。生、熟可食。

## 野萝卜

似卜而小，根叶皆可食。

## 茼蒿

春初采心苗<sup>①</sup>入茶最香，叶可熟食。夏秋茎可做齑。

**注释：**

①心苗：嫩苗尖。

## 茉莉

嫩叶同豆腐熝<sup>①</sup>食，绝品。

**注释：**

①熝（āo）：用文火久煮。

## 鹅脚花

单瓣者可食，千瓣者伤人。焯拌，亦可熝食。

### 金豆①花

采豆汤焯，供茶香美。

注释：

①金豆：据高濂《遵生八笺》注，为决明子。

### 紫花儿

花叶皆可食。

### 红花子①

采子，淘，去浮者，碓②碎，入汤泡汁，更捣更泡。取汁煎滚，入醋点住③。用绢挹④之，似肥肉。入素馔极佳。

注释：

①红花子：红花的籽。

②碓（duì）：舂，捣。

③醋点住：用醋使液体凝固。

④挹（yì）：通"抑"，抑制，这里是包紧的意思。

### 金雀花

摘花，汤焯，供茶。糖醋拌，作菜甚精。

### 金莲花

浮水面者，夏采叶，焯拌。

### 看麦娘①

随麦生垄上，春采熟食。

注释：

①看麦娘：一年生草本植物，全草可入药。味淡、性凉，治水肿、水痘、
　小儿腹泻、消化不良。

## 狗脚迹①

叶形似之。霜降采熟食。

注释：

①狗脚迹：中药材名，又名肖梵天花，叶子像狗脚形状。根或枝叶入药，
能够清湿热、解毒消积。

## 斜蒿①

三四月生。小者全采，大者摘头。汤焯晒干，食时再泡，
拌食。

注释：

①斜蒿：又名苦苣、五叶尖，春夏时节生长在山崖、山谷、山丘、田埂
等处。

## 眼子菜①

六七月采。生水泽中，青叶紫背。茎柔滑、细长，数尺。
焯，拌。

注释：

①眼子菜：又名鸭吃草、水案板、水上漂。多年生水生草本植物，生于静
水池沼中，全草入药。能够清热解毒、利尿、消积。

## 地踏菜①

一名"地耳"。春夏生雨中，雨后采。姜、醋熟食。日出
即枯。

注释：

①地踏菜：即普通念珠藻，别名地木耳、地皮菜、地软、雨菌子等。性
凉，味甘，入肝经，清热明目，收敛益气。

### 窝螺荠

正、二月采，熟食。

### 马齿苋

初夏采。汤焯晒干，冬用。

### 马兰头①

可熟，可齑，可焯，可生晒藏用。

**注释：**

①马兰头：又名马兰、红梗菜、鸡儿肠、田边菊、紫菊、螃蜞头草等。有
红梗和青梗两种，均可食用，药用以红梗马兰头为佳。

### 茵陈蒿

即"青蒿"。春采，和面作饼炊①食。

**注释：**

①炊：烧火煮熟食物。

### 雁儿肠

二月生，如豆芽菜。生熟皆可食。

### 野茭白①

初夏采。

**注释：**

①野茭白：别称水笋、茭白笋、脚白笋、菰、菰菜、高笋。

### 倒灌荠

熟食，亦可作齑。

## 苦麻薹

二月采。叶捣，和作饼，炊食。

## 黄花儿

正、二月采，熟食。

## 野莩荠

四月时采①，生熟可食。

注释：

①采：原文误作"菜"。

## 野绿豆

茎叶似而差小①，蔓②生，生熟可吃。

注释：

①差（chā）小：略微小些。差，比较、略微。

②蔓：指草本蔓生植物的细长不能直立的枝茎。

## 油灼灼

生水边，叶光泽如油。生熟皆可食，又可腌作干菜蒸吃。

## 板荞荞

正、二月采之。炊食。三四月不堪食矣。

## 碎米荠

三月采，止①可作齑。

注释：

①止：通"只"。

## 天藕

根似藕而小。炊食，拌料亦佳。叶不可食。

## 蚕豆苗

二月采。香油炒，下盐、酱煮，略加姜葱。

## 苍耳菜

嫩叶，焯洗，姜、盐、酒、酱拌食。

## 芙蓉花①

采瓣，汤泡②一二次，拌豆腐，略加胡椒，红白可爱，且可口。

**注释：**

①芙蓉花：即木芙蓉，别名有拒霜花、木莲、地芙蓉、华木、酒醉芙蓉。

②泡：原文误作"炮"。

## 葵菜①

比蜀葵丛短而叶大。取叶，与作菜羹同法。

**注释：**

①葵菜：学名冬葵，民间称冬寒菜、冬苋菜或滑菜。幼苗或嫩茎叶可食用，也可入药。我国汉代以前即已栽培供蔬食，现多野生，少有种植。

## 牛蒡子①

十月取根洗净，略煮勿太熟，取起捶扁②压干。以盐、酱、莳萝、姜、椒、熟油诸料拌浸，一二日收起，焙干，如肉脯法。

**注释：**

①牛蒡（bàng）子：这里指牛蒡的根。

②扁：原文误作"區"。

## 槐角叶①

嫩叶拣净，捣取汁，和面加酱作熟斋②。

**注释：**

①槐角叶：槐树叶。

②熟斋：据高濂《遵生八笺》，这里"熟斋"应当指用酱与菜末一起做熟，当作淘面的卤。淘面指冷面、凉拌面。

## 椿根

秋前采。捣罗和面切条，清水煮食。

## 凋菰米①

即"胡稷②"也。晒干舂洗，造饭香不可言。

**注释：**

①凋菰（diāo gū）米：即雕菰米，也称雕胡，是茭白的籽实，即苽米。

②稷（jì）：稷子，跟黍子相似，而籽实不黏，也叫糜子，可以做饭。

## 锦带花

采花作羹，柔脆可食。

## 东风荠①

采一二升，洗净，入淘米②三合，水三升，生姜一芽头③，捶碎，同入釜和匀，面上浇麻油一蚬壳④，再不可动，动则生油气。煮熟不著些盐、醋。若知此味，海味八珍，皆可厌也。⑤此"东坡羹"也。即述东坡语。

**注释：**

①东风荠：即荠菜。

②淘米：淘过的米。

③一芽头：生姜分出来的一个芽头。

④蚬（xiǎn）壳：蚬的壳。蚬，软体动物，生长在淡水中。

⑤若知此味，海味八珍，皆可厌也：出自苏轼《与徐十三书》："君若知此味，则海陆八珍，皆可厌也。"

## 玉簪花

半开蕊①，分作三四片。少加盐、白糖，入面调匀，拖花②煎食。

注释：

①蕊：花，花朵。

②拖花：把花放在面糊里蘸一下。

## 栀子花

半开蕊，矾水①焯过，入细葱丝、茴、椒末，黄米饭，研烂，同盐拌匀，腌压半日食之。或用矾水焯过，用白糖和蜜入面，加椒盐少许，作饼煎食，亦妙。

注释：

①矾水：即白矾水，原文误作"凡水"。

## 藤花①

搓洗干，盐汤、酒拌匀，蒸熟，晒干。留作食馅子②甚美。腥用③亦佳。

注释：

①藤花：紫藤花。

②食馅子：食物的馅儿。

③腥用：与肉一起做成菜品。

## 江荠①

生腊月，生熟皆可食。花时但可作齑。

**注释：**

①江荠：即荠菜。

## 商陆①

采苗、茎洗净，熟蒸，加盐、料。紫色者味佳。

**注释：**

①商陆：又名大苋菜、山萝卜、花商陆、胭脂草等。根入药，以白色肥大者为佳，红根有剧毒，仅供外用。通二便，逐水消肿、解毒散结，治水肿、胀满、脚气、喉痹，外敷治痈肿疮毒。嫩茎叶可供蔬食。

## 牛膝①

采苗如剪韭法，可食。

**注释：**

①牛膝：亦称牛茎、怀牛膝、牛髁膝、山苋菜、对节草、红牛膝、杜牛膝、土牛膝。多年生草本植物，因其茎有节突出如牛膝，故名。根可入药，有利尿、通经等作用。

## 防风①

采苗可作菜，汤焯、料拌，极去风②。芽如胭脂可爱。

**注释：**

①防风：中药名，别名铜芸、回云、回草、百枝、百种。根可以生用。味辛、甘，性微温，有祛风解表、胜湿止痛、止痉的功效。"风"原文误作"疯"。
②风：原文误作"疯"。

## 苦益菜

即胡麻。嫩叶作羹，脆滑大甘。

## 芭蕉①

根粘者为糯②蕉，可食。取根切作大片，灰汁③煮熟，清水漂数次，去灰味尽，压干。以熟油、盐、酱、茴、椒、姜末研④拌，一二日取出，少⑤焙，敲软，食之全似肥肉。

注释：

①芭蕉：多年生草本植物。叶长而宽大，花白色，果实跟香蕉相似。

②糯：黏性的稻米，此处指有黏性。

③灰汁：草灰水。

④研：研磨，研细。

⑤少：稍微。

## 水菜

状似白菜。七八月间，生田头水岸。丛聚①，色青。焯、煮俱可。

注释：

①丛聚：聚集丛生。

## 松花蕊

去赤皮，取嫩白者蜜渍之。略烧①，令蜜熟，勿太熟，极香脆。

注释：

①烧：原文作"煮"，疑误。

## 白芷

嫩根。蜜浸、糟藏皆可。

## 天门冬①芽、水藻芽②、荇菜芽③、蒲芦芽④

以上俱可焯拌熟食。

**注释:**

①天门冬:别名三百棒、丝冬、老虎尾巴根、天冬草、明天冬。块根是常
  用中药。

②水藻芽:水生藻类植物的嫩芽。

③荇菜芽:荇菜的嫩芽。荇菜为多年生水草,浅水性植物,常生长在池塘
  边缘,嫩叶可吃。

④蒲芦芽:即葫芦芽。

## 水苔①

春初采嫩者漂净,石压。焯拌,或油炒,酱、醋俱宜。

**注释:**

①水苔:别名泥炭藓,一种天然苔藓。

## 灰苋菜①

熟食,炒拌俱可,胜家苋。火证②者宜之。

**注释:**

①灰苋菜:学名藜,又名灰藋、灰菜。幼苗可食用,茎叶可以喂家畜,全
  草可入药,能止泻痢、止痒。

②火证:指外感火热邪毒,阳热内盛,以发热、口渴、胸腹灼热、面红、
  便秘尿黄、舌红苔黄而干、脉数或洪等为主要表现的证候。

## 凤仙花梗

汤焯,加微盐晒干,可留年余。以芝麻拌供。新者可入

茶。最宜拌面筋炒食。爊豆腐，素菜无一不可。

## 蓬蒿[1]

二三月采嫩头洗净，加盐少腌，和粉[2]作饼。香美。

**注释：**

[1]蓬蒿：即茼蒿。

[2]粉：米细末。亦指谷类、豆类作物籽实的细末。

## 鹅肠草[1]

焯熟，拌食。

**注释：**

[1]鹅肠草：即繁缕。多生于阴湿的耕地上或麦垄、豆畦间，嫩草可作蔬菜，入药具有清血解毒、利尿、下乳汁的功效。

## 鸡肠草[1]

即钟子。蒂、花、根焯，拌食。

**注释：**

[1]鸡肠草：菊科石胡荽属植物，又名石胡荽。

## 绵絮头[1]

色淡白，软如绵，生田埂上。和粉作饼。

**注释：**

[1]绵絮头：即佛耳草，茎叶入药，有镇咳、祛痰功效。江浙一带清明时用它做面食。绵，通"棉"。

## 荞麦叶

八九月采嫩叶熟食。

# 果之属

## 青脆梅

青梅（必须小满<sup>①</sup>前采，总<sup>②</sup>不许犯手<sup>③</sup>，此最要诀<sup>④</sup>），以箸去仁，筛内略干。每梅三斤十二两，用生甘草末四两、盐一斤（炒，待冷）、生姜一斤四两（不见水，捣碎）、青椒三两（旋摘，晾干）、红干椒半两（拣净），一齐炒拌。用木匙抄<sup>⑤</sup>入小瓶。先留些盐掺面。用双层油纸加绵纸紧扎瓶口。

**注释：**

①小满：二十四节气之一。

②总：一直。

③犯手：用手触碰。

④最要诀：此处指最关键。要诀，秘诀、诀窍。

⑤抄：用匙取食物。

## 又法

矾水浸透粗麻布二块。先用炒盐纳<sup>①</sup>锡瓶底，上加矾布一块，以箸取生青梅放入，上以矾布盖好，以盐掺面封好。此法虽不能久，然盛夏极热时，取以供客，有何不可。

**注释：**

①纳：放入。

## 橙饼

　　大橙子，连皮切片，去核捣烂，绞汁。略加水，和白面少许熬之。急朵①、熟加白糖。急朵入瓷盆，冷切片。

注释：

①朵：据下文"假山楂饼"，"朵"疑为"剁"，搅打的意思。

## 藏橘①

　　松毛②包橘入罐，三四月不干。绿豆藏橘亦可久。

注释：

①藏橘：保存橘子的方法。

②松毛：松针。

## 山楂饼

　　同"橙饼"法。加乌梅汤少许，色红可爱。

## 假山楂饼

　　老南瓜，去皮、去瓤、切片，和水煮极烂。剁匀煎浓。乌梅汤加入，又煎浓。红花汤①加入，急剁。趁湿加白面少许，入白糖，盛瓷盆内，冷切片。与"楂饼"无二。

注释：

①红花汤：用红花煮的水。红花别名红蓝花、刺红花，菊科红花属植物。有活血化瘀、散湿去肿的功效，孕妇避免使用。

## 醉枣

　　拣大黑枣，用牙刷刷净，入腊酒娘浸，加真烧酒一小杯，瓶贮，封固。经年不坏。

## 梧桐豆

梧桐子一炒，以木槌捶碎。拣去壳，入锅，加油、盐，如炒豆法，以银匙取食，香美无比。

## 樱桃干

大熟樱桃，去核，白糖层叠，按实瓷盆，半日倾出糖汁，沙锅煎滚，仍浇入。一日取出，铁筛上加油纸摊匀，炭火焙之，色红，取下。大者两个让一个（让，套入也），小者三四个让一个，晒干。

## 蜜浸诸果

浸诸果[1]，先以白梅汁[2]拌，以提净[3]上白糖加入，后加蜜，色鲜，味不走，久不坏。

**注释：**

①诸果：各种水果。

②白梅汁：据《齐民要术》："作白梅法：梅子酸，核初成时摘取，夜以盐汁渍之，昼则日曝。凡作十宿，十浸十曝，便成矣。"

③提净：提炼得纯净。

## 桃参

好五月桃，饭锅顿，取出，皮易去。食之大补。

## 桃干

半生桃，蒸熟，去皮、核。微盐掺拌，晒过。再蒸再晒。候干，白糖层叠，入瓶封固。饭锅炖三四次。佳。"李干"同此法。

## 腌柿子

秋柿，半黄，每取百枚，盐五六两，入缸腌下。入春取食，能解酒。

## 酥杏仁

杏仁，泡数次，去苦水。香油炸浮，用铁丝勺①捞起。冷定，脆美。

**注释：**

①铁丝勺：铁丝做的漏勺。

## 素蟹

核桃击碎，勿令散。菜油炒，入厚酱①、白糖、砂仁、茴香、酒少许烧之。食者勿以壳轻弃。大有滋味在内，愈䑶②愈佳。

**注释：**

①厚酱：浓酱。
②䑶（tiǎn）：此处或为"舔"之误。

## 天茄①

盐焯、糖制，俱供茶。酱、醋焯拌，过②粥尤佳。

**注释：**

①天茄：中药名，也称丁香茄。具有泻下、解蛇毒的功效。
②过：帮助咽下，和着吃。

## 桃漉①

烂熟桃，纳瓮盖口。七日，漉去皮、核。密封二十七日，成酢②。香美。

注释：

①漉（lù）：过滤。

②酢（cù）："醋"的古字。

## 藏桃法

午日①，煮麦面粥糊，入盐少许，候冷，入瓮。以半熟鲜桃纳满瓮内，封口。至冬月如生。

注释：

①午日：端午，即农历五月初五。

## 杏浆

熟杏研烂，绞汁，盛瓷盘晒干，收贮。可和水饮，又可和面作饼。"李"同此法。

## 盐李①

黄李②盐挼③去汁，晒干去核。复晒干。用时以汤洗净，供酒佳。

注释：

①盐李：用盐腌制的李子。

②黄李：李子的一种。

③挼（ruó）：揉搓。

## 糖杨梅

每三斤，用盐一两，淹①半日。重汤浸一夜，控干。入糖二斤，薄荷叶一大把，轻手拌匀，晒干收贮。

注释：

①淹：同"腌"，用盐、香料等浸渍食物以利保藏。

## 杨梅生

腊月水，同薄荷一握①、明矾少许，入瓮。投浸枇杷、林檎②、杨梅。颜色不变，味凉可食。

**注释：**

①一握：一把。

②林檎（qín）：又名花红、沙果。此处指其果实。

## 栗子

炒栗，先洗净入锅，勿加水。用油灯草三根，圈放面上。只煮一滚，久闷，甜酥易剥。熟栗风干，栗糟食，甚佳。

## 地梨①

带泥风干②，剥净，糟食，下酒至品也。

**注释：**

①地梨：即荸荠（bí qi），又名马蹄，有"地下雪梨"的美誉，北方人视之为江南人参。

②风干：原文误作"封干"。

卷之下

# 嘉肴篇

## 总论

竹垞朱先生①曰："凡试庖人②手段，不须珍异也。只一肉、一菜、一腐，庖之抱蕴③立见矣。"盖三者极平易，极难出色也。又云："每见荐庖人者，极赞其能省约。夫庖之能惟省约，又焉用庖哉。"愚谓省费省料尤之可也，甚而省味不可言也。省鲜鱼而以馁者供，省鲜肉而以败者供，省鲜酱、鲜笋蔬而以宿④者供，旋而鲜者且馁且败且宿矣。况性既好省，则必省水省洗濯⑤矣，省柴火候矣，赠以别号，非省庵即省斋，作道学先生去。

凡烹调用香料，或以去腥，或以增味，各有所宜。用不得宜，反以拗⑥味。今将庖人口中诗赋，略书于左，盖操刀而前，亦少不得一只引子。

**注释：**

①竹垞（chá）朱先生：即朱彝尊，字锡鬯（chàng），号竹垞，清代文学家。

②庖人：厨师。

③抱蕴：内涵，水平。

④宿：过夜的，不新鲜的，陈旧的。

⑤洗濯（zhuó）：洗涤。

⑥拗（ào）：违反。

## 荤大料

官桂[①]良姜荜拨[②]，陈皮草蔻[③]香砂（砂仁也），茴香各两[④]定须加，二两川椒拣罢。甘草粉儿两半[⑤]，杏仁五两无空[⑥]，白檀半两不留查[⑦]，蒸饼为丸弹大[⑧]。

**注释：**

①官桂：上等的肉桂。

②荜（bì）拨：一种中药材，以干燥果穗入药，性热，味辛，温中暖胃，也可以做食用香料。

③草蔻（kòu）：即草豆蔻，为姜科山姜属植物。

④各两：指茴香与前面提到的香料各用一两。

⑤两半：一两半。

⑥无空：不能缺少。

⑦不留查：不留渣，即一点儿不剩地全部放进去。

⑧丸弹大：像弹丸一样大。古人说的“弹丸”相当于一个鸡蛋黄大小。

## 减用大料

马芹（即芫荽）荜拨小茴香，更有干姜[①]官桂良。再得莳萝二椒（胡椒、花椒也）共[②]，水丸弹子任君尝。

**注释：**

①干姜：能温中散寒，温肺化饮，回阳通脉。

②共：一起放入。

## 素料

二椒[①]配著炙干姜[②]，甘草莳萝八角香。芹菜（即芫荽）杏仁俱等分，倍加榧肉更为强。

注释：

①二椒：胡椒、花椒。

②炙干姜：炒至深黄发黑的干姜。炙干姜应该就是指炮姜，就是把干姜炒至表面微黑。功效与干姜相似，能温中散寒，温肺化饮，回阳通脉。但是炮姜温经散寒作用偏弱，偏于温经止血。

# 鱼

## 鱼鲊

大鱼一斤，切薄片，勿犯水，用布拭净（生矾①泡汤，冷定浸鱼，少顷沥干，则紧而脆）。夏月用盐一两半，冬月一两。腌食顷沥干，用姜、橘丝、莳萝、葱、椒末拌匀，入瓷罐按实，箸盖竹签十字架定，覆罐，控卤尽即熟。

注释：

①生矾：白矾。

## 湖广①鱼鲊

大鲤鱼治净，细切丁香块。老黄米炒燥，碾粉约升半，炒红面②碾末升半和匀。每鱼块十斤，用好酒二碗，盐一斤，夏月盐一斤四两，拌腌瓷器。冬半月、春夏十日取起，洗净，布包榨十分干。用川椒二两，砂仁二两，茴香五钱，红豆五钱，甘草少许，共为末。麻油一斤半，葱白一斤，预备米面一升，拌和入罐，用石压紧。冬半月，夏七八日可用，用时再加椒料、米醋为佳。

**注释：**

①湖广：明清时期指湖北、湖南。

②红面：疑为"红曲"之误。

## 鱼饼

　　鲜鱼取胁不取背（去皮骨），肥猪取膘不取精。膘四两，鱼一斤，十二个鸡子清。鱼也剁，肉也剁，鱼肉合剁烂，渐入鸡子清、凉水一杯。新慢加，急剁成，锅先下水，滚即停，将①刀挑入锅中烹，笊篱②取入凉水盆。斟酌汤味，下之囫囵③吞。

**注释：**

①将：用。

②笊篱（zhào lí）：有长柄，能漏水，用来捞东西的器具。

③囫囵（hú lún）：整个儿。

## 冻鱼

　　鲜鲤鱼切小块，盐腌过，酱煮熟，收起。用鱼鳞同荆芥①煎汁，澄去渣，再煎汁，稠入鱼，调和得味，锡器密盛，悬井中冻就，浓姜醋浇。

**注释：**

①荆芥：别名香荆芥、线芥、四棱杆蒿、假苏。用作香料。干燥茎叶和花穗入药。味平，性温，无毒，能发汗、解热、镇痰、祛风、凉血。鲜嫩芽可用于小儿镇静。

## 鲫羹

　　鲜鲫鱼治净，滚汤焯熟，用手撕碎去骨净。香蕈、鲜笋切丝，椒酒下汤。

## 酥鲫

　　大鲫鱼治净，酱油和酒浆入水，紫苏叶大撮，甘草些少，煮半日，熟透，骨酥味美。

## 酒发鱼

　　大鲫鱼净去鳞、眼、肠、鳃及鳍尾，勿见生水。以清酒①脚洗，用布抹干，里面以布扎箸头，细细搜抹净。用神曲②、红曲、胡椒、茴香、川椒、干姜诸末，各一两，拌炒盐二两，装入鱼腹入罐，上下加料一层，包好泥封。腊月造，下灯节③后开，又翻一转，入好酒浸满泥封。至四月方熟，可用，可留一二年。

**注释：**

①清酒：古代祭祀用的清洁的酒。

②神曲：又名"六神曲"，在伏天用青蒿、苍耳、辣蓼三药榨汁，加入杏仁泥、麸皮、面粉，经过发酵后制成，可助消化。

③下灯节：农历正月十六、十七为下灯节。

## 爨①鱼

　　鲜鱼，去皮骨，切片。干粉揉过，去粉，葱、椒、酱油、酒拌和。停顷，滚汁汤爨出，加姜汁。

**注释：**

①爨（cuàn）：泛指烧、煮。此指汆（cuān），把食物放入沸水中稍煮一下。

## 炙鱼

　　鲝鱼①，新出水者，治净。炭火炙，十分干收藏。

**注释：**

①鲚（cǐ）鱼：即刀鱼。

## 暴腌糟鱼

　　腊月，鲤鱼治净。切大块，拭干。每斤用炒盐四两擦过，腌一宿，洗净晾干。用好糟一斤，加炒盐四两拌匀。装鱼入瓮，纸箬包，泥封。

## 蒸鲥鱼①

　　鲥鱼去肠不去鳞，用布抹血水净。花椒、砂仁、酱擂碎（加白糖、猪油同擂，妙）。水、酒、葱和味，装锡罐内蒸熟。

**注释：**

①鲥（shí）鱼：平时栖息在海水中，春末夏初溯河洄游产卵；幼鱼先在江湖内生长，后在海中发育成长。

## 消骨鱼

　　榄仁或楮实子捣末，涂鱼内外，煎熟鱼骨消化。

## 蛏①鲊

　　蛏一斤，盐一两，腌一伏时②再洗净，控干，布包石压。姜、橘丝五钱，盐一钱，葱丝五分，椒三十粒，酒娘糟一大盏，拌匀入瓶，十日可供。

**注释：**

①蛏（chēng）：蛏子，壳细长。
②一伏时：一昼夜。

## 水鸡①腊

　　肥水鸡，只取两腿（余肉另入馔），用椒、酒、酱和浓汁浸半日。炭火缓炙干。再蘸汁再炙。汁尽，抹熟油再炙，以熟透发松为度。烘干，瓶贮，久供（色黄勿焦为妙）。

注释：

①水鸡：指虎纹蛙。

## 臊子蛤蜊

水煮去壳。切猪肉，肥精相半，作小骰子①块。酒拌，炒煮半熟，次下椒、葱、砂仁末、盐、醋和匀，入蛤蜊同炒一转，取前煮蛤原汤澄清烹入（汤不许太多），滚过取供。

注释：

①骰（tóu）子：赌具。也用于占卜、行酒令或做游戏。

## 醉虾

鲜虾，拣净入瓶，椒、姜末拌匀。用好酒炖滚泼过。夏可一二日，冬月不坏。食时加盐酱。

## 酒鱼

冬月大鱼切大片，盐拿，晒略干，入罐。滴烧酒灌满，泥口，来岁三四月取用。

## 酒曲①鱼

大鱼治净一斤，切作手掌大薄片。用盐二两、神曲末四两、椒百粒、葱一握、酒二斤拌匀，密封。冬七日可食，夏一宿可食。

注释：

①酒曲：酿酒发酵用的曲。

## 甜虾

河虾，滚水焯过，不用盐，晒干，味甜美。

## 虾松

虾米拣净，温水泡开，下锅微煮取起。酱、油各半拌浸，用蒸笼蒸过，入姜汁，并加些醋。虾小微蒸，虾大多蒸。以入口虚松为度。

## 法制虾米（缺）

## 淡菜①

水洗，搜剔尽，蒸过，酒娘糟糟下②。

**注释：**

①淡菜：贻贝（海虹）煮熟后加工成的干品。

②糟下：用江米酒腌渍。

## 酱鳆①

治净，煮过，切片。用好豆腐切骰子块，炒熟。乘热撒入鳆鱼拌匀，好酒娘一烹②脆美。

**注释：**

①鳆（fù）：即鲍鱼。中医以壳入药，称石决明。

②烹：指炒菜起锅前浇入。

## 虾米粉

白亮细虾米，烘燥磨粉，收贮。入蛋腐①、乳腐及炒拌各种细馔②，或煎腐洒入并佳。

**注释：**

①蛋腐：鸡蛋羹。

②细馔：精细的菜肴。

## 鲞①粉

宁波淡白鲞，洗净切块，蒸熟。剥肉细锉，取骨酥炙，焙燥磨粉收用。

注释：

①鲞（xiǎng）：干鱼，腌鱼。

## 熏鲫

鲜鲫治净拭干。甜酱酱一宿。去酱，油烹。微晾，茴、椒末揩匀，柏枝熏之。

## 糟鱼

腊月，鲜鱼治净。去头尾，切方块。微盐腌过，日晒收去盐水迹。每鱼一斤，糟半斤、盐七钱、酒半斤，和匀入罐，底面须糟多。固，三日倾倒①一次。一月可用。

注释：

①倾倒：倒罐。

## 海蜇

水洗净，拌豆腐略煮，则涩味尽而柔脆（腐则不堪）。加酒娘、酱油、花椒醉之。

# 蟹

## 酱糟醉蟹秘诀

其一诀：雌不犯①雄，雄不犯雌，则久不沙（此明朝南院子名妓所传也。凡团脐数十个为罐，若杂一尖脐于内，则必沙。尖脐亦然）。

其一：酒不犯酱，酱不犯酒，则久不沙（酒、酱合用，止供旦夕。数日便沙，易红）。

其一：蟹必全活，螯足无伤。

**注释：**

①犯：遭遇，指放在一起。

## 上品酱蟹

上好极厚甜酱，取鲜活大蟹，每个以麻丝缚定，用手捞酱，搵①蟹如团泥，装入罐内封固。两月开，脐亮易脱，可供。如未易脱，再封好候之。食时以淡酒洗下酱来，仍可供厨，且愈鲜也。

**注释：**

①搵（wèn）：擦，此处指把甜酱涂抹在螃蟹身上。

## 糟蟹

三十团脐不用尖，老糟斤半半斤盐。好醋半斤斤半酒，八朝直①吃到明年。

脐内每个入糟一撮，罐底铺糟，一层糟一层蟹，灌满包口。装时以火照过，入罐，则不沙。团脐取其盍②多，然大尖脐亦妙也。

**注释：**

①直：一直。

②盍（huāng）：此指蟹黄。

## 醉蟹

以甜三白酒①注盆内，将蟹拭净投入。有顷，醉透不动。取起，将脐内泥沙去净，入椒盐一撮，茱萸一粒（置此可经年不沙），反纳罐内。洒椒粒，以原酒浇下，酒与蟹平，封好，每日将蟹转动一次，半月可供。

注释：

①三白酒：三白酒是乌镇生产的特色米酒。

## 松壑蒸蟹

活蟹入锅，未免炮烙①之惨。宜以淡酒入盆，略加水及椒、盐、白糖、姜、葱汁、菊叶汁，搅匀。入蟹，令其饮，醉不动，方取入锅。既供饕②腹，尤少寓不忍于万一云。蟹浸多，水煮则减味。法以稻草捶软，挽匾髻入锅，平水面，置蟹蒸之，味足。山药、百合、羊眼豆等，亦当如此。

注释：

①炮烙：相传是殷纣王所用的一种酷刑。

②饕（tāo）：特指贪食。

## 蟹鳖①

煮蟹，食时擘开。于红盖之外，黑白翳②内，有鳖大小如瓜仁，尖棱六出，似杠杬楞叶③，良④可怕人。即以蟹爪挑开取出。若食之，腹痛。盖其毒全在此也。

注释：

①蟹鳖：蟹的心脏，呈六角形，性寒不能食用。

②翳（yì）：此指薄膜。

③杠杬楞叶：应为某种植物的叶子，具体未详。

④良：实在。

# 禽

## 卤鸡

雏鸡治净，用猪板油四两捶烂，酒三碗，酱油一碗，香油少许，茴、椒、葱同鸡入镟①，汁料半入腹内，半淹鸡上。约浸浮四分许，用面饼盖镟，用蒸架架起，隔汤蒸熟，须勤翻看火候。

注释：

①镟（xuàn）：即"旋子"，一种容器，可以温酒、隔水蒸食物。

## 鸡松

鸡同黄酒、大小茴香、葱、椒、盐水煮熟，去皮骨焙干，擂极碎，油焙干收贮。

## 粉鸡

鸡胸肉，去筋皮，横切作片，每片捶软，椒、盐、酒、酱拌放。食顷入滚汤焯过，取起，再入美汁烹调，松嫩。

## 蒸鸡

嫩鸡治净，用盐、酱、葱、椒、茴末匀涂腌。半日入锡镟，蒸一炷香取出，撕碎去骨，斟酌加调滋味。再蒸一炷香，味香美。

## 炉焙鸡

肥鸡水煮八分熟，去骨切小块，锅内熬油略炒，以盆盖定。另锅烧极热酒、醋、酱油相半，入香料并盐少许烹之，候干再烹，如此数次。候极酥极干取起。

### 煮老鸡

猪胰一具切碎同煮，以盆盖之，不得揭开，约法为度，则肉软而汁佳。老鹅、鸭同。

### 让鸭

鸭治净，胁下取孔，去肠杂，再净。精制猪肉饼子剂入满，外用茴椒大料涂满，箬片包扎固入锅，钵覆，文武火煮三次，烂为度。

### 封鹅

治净，内外抹香油一层，用茴香、大料及葱实。腹外用长葱裹紧，入锡罐，盖住入锅，上覆大盆，重汤煮，以箸扦①入，透底为度。鹅入罐通不用汁，自然上升之气味凝重而美。吃时再加糟油，或酱油、醋。

**注释:**
①扦（qiān）：插。

### 白烧鹅

肥鹅治净，盐、椒、葱、酒多擦，内外再用酒蜜涂遍。入锅，竹棒阁起。入酒、水各一盏，盖锅以湿纸封缝。干则以水润之，用大草把一个烧过，再烧草把一个，勿早开看，候盖上冷方开翻鹅一转，封盖如前，再烧草把一个，候冷即熟。

### 马疃①泼黄雀

肥黄雀，去毛眼净，令十许岁儿童，以小指从尻挖雀腹中物净。（雀肺若收聚得碗许，用酒漂净，配笋芽、嫩姜、美料、酒浆、酱油烹煮。真佳味也。）用淡盐酒灌入雀腹，洗过沥净，一面取猪板油剥去筋膜，捶极烂，入白糖、花椒、砂仁细末，飞盐少许，斟酌调和，每雀腹中装入一二匙。将雀入瓷钵，以尻向上密比装好。一面备腊酒酿、甜酱、油、葱、椒、砂仁、茴香各粗末，调和成味。先将好菜油热锅熬沸，次入诸味，煎滚舀起，泼入钵内，急以瓷盆覆之，候冷。另用一钵，将雀搬入，上层在下，下层在上，仍前装好，取原汁入锅，再煎滚，再舀起泼入，盖好候冷，再如前法泼一遍，则雀不走油而味透。将雀装入小罐，仍以原汁灌入，包好。若即欲供食，取一小瓶重汤煮一顷，可食；如欲留久，则先时止须泼两次足矣。临用时，重汤多煮数刻便好。雀卤留顿鸡蛋用，入少许，绝妙。

**注释：**

①马疃（tuǎn）：地名，即马家疃。疃，村庄、屯。

# 卵

## 百日内糟蛋

　　新酿三白酒，初发浆，用麻线络着鹅蛋，挂竹棍上，横挣酒缸口，浸蛋入酒浆内。隔日一看，蛋壳碎裂，如细哥窑①纹。取起抹去碎壳，勿损内衣。预制米酒甜糟（酒娘糟更妙），多加盐拌匀，以糟揾蛋上，厚倍之，入罐。一大罐可容蛋二十枚，两月余可供。

**注释：**

①哥窑：宋代浙江著名的瓷窑，哥窑瓷在烧制时因胎釉收缩率差别而导致

烧成的釉面有各种裂纹，即开片。

## 煮蛋

鸡、鸭蛋同金华火腿煮熟取出，细敲碎皮，入原汁，再煮一二炷香，味妙。剥净冻之，更妙。

## 一个蛋

一个鸡蛋可炖一大碗。先用箸将黄白打碎，略入水再打。渐次加水及酒、酱油，再打，前后须打千转。架碗盖好，炖熟，勿早开。

## 软去蛋硬皮

滚醋一碗，入一鸡子于中，盖好，许时①外壳化去。用水浴过，纸收迹。入糟易熟。

**注释：**

①许时：过一会儿。

## 龙蛋

鸡子数十个，一处打搅极匀，装入猪尿脬①内，扎紧，用绳缒②入井内。隔宿取出，煮熟，剥净，黄白各自凝聚，混成一大蛋。大盘托出，供客一笑。

揆③其理，光炙日月，时历子午④，井界阴阳，有固然者。缒井须深浸，浸须周时。

此蛋或办卓面或办祭用，以入镟子，真奇观也，秘之。

**注释：**

①脬：疑为"脬"之误。

②缒（zhuì）：以绳拴物从上往下送。

③揆（kuí）：度量，揣度。

④子午：子时和午时，分别指夜晚11点至次日1点、中午11点至下午1点。

# 肉

### 蒸腊肉

洗净煮过，换水又煮，又换几数次，至极净极淡。入深锡镟，加酒、酱<sup>①</sup>油、葱、椒、茴蒸熟，则陈肉而别有新味，故佳。

注释：

①酱：原文作"浆"，疑误。

### 煮腊肉

煮腊肉陈者，每油哮气<sup>①</sup>，法于将熟时，以烧红炭火数块，淬入锅内则不哮。

注释：

①油哮气：指油脂类食物因放置时间过久产生的哈喇味儿。

### 藏腊肉

腌就小块肉，浸菜油罐内，随时取用，不臭不虫，油仍无碍。

### 肉脯

诀曰：一斤肉切十来条，不论猪羊与太牢<sup>①</sup>。大盏醇醪<sup>②</sup>小盏醋，葱椒茴桂入分毫<sup>③</sup>。飞盐四两称来准，分付<sup>④</sup>庖人慢火烧。酒尽醋干方是法，味甘不论孔闻《韶》<sup>⑤</sup>。

注释：

①太牢：牛。儒家祭祀时用牛、猪、羊作为祭品称之为太牢，用猪、羊祭祀称为少牢，所以牛也被称为太牢。

②醇醪（láo）：味道浓厚的美酒。醪，可作酒的总称。

③分毫：形容极细微或极少量。

④分付：嘱咐，命令，同"吩咐"。

⑤孔闻《韶》：《论语·述而》："子在齐闻《韶》，三月不知肉味。"说的是孔子在齐国听了舜帝时的《韶》乐。由于《韶》乐真正遵循平和安定的原则，能平定人的心志、欲望，孔子听后心志平和安定，口欲极低，很久都不想吃肉。

## 煮肚

治极净煮熟，预铺稻草灰于地，厚一二寸许，以肚乘热置灰上，瓦盆覆紧。隔宿，肚厚加倍，入盐、酒再煮食之。

## 肺羹

肺以清水洗去外面血污，以淡酒加水和一大桶，用碗舀入肺管内。入完，肺如巴斗①大，扎紧管口，入锅煮熟。剥去外皮，除大小管净，加松子仁、鲜笋、香蕈、腐衣②各细切，入美汁作羹，佳味也。

注释：

①巴斗：一种容器，底为半球形，一般用竹、藤或柳条等编制而成。

②腐衣：豆腐衣，又名豆腐皮。大豆磨浆，烧煮后脂肪和蛋白质上浮凝结而成。

## 煮茄肉

茄煮肉，肉每黑，以枇杷核数枚剥净同煮，则肉不黑色。

## 夏月冻蹄膏

猪蹄治净，煮熟，去骨细切。加化就石花①一二杯许，入香料再煮极烂，入小口瓶内，油纸包扎，挂井水内，隔宿破瓶取用。

注释：

①化就石花：溶化了的石花菜。石花，多年生藻类，可供食用和提炼琼脂。

## 皮羹

煮熟火腿皮，切细条子，配以笋、香蕈、韭芽、肉汤下之，风味超然。

## 灌肚

猪肚及小肠治净，用香蕈磨粉拌，小肠装入肚内，缝口煮，极烂。

## 兔生

兔去骨，切小块，米泔①浸捏洗净，再用酒脚②浸洗，再漂净，沥干水迹。用大小茴香、胡椒、花椒、葱、油、酒加醋少许，入锅烧滚，下兔肉滚熟。

注释：

①米泔（gān）：淘米水。

②酒脚：酒器中的残酒。

## 熊掌

带毛者挖地作坑，入石灰及半，放掌于内，上加石灰，凉水浇之，候发过，停冷取起，则毛易去根，俱出洗净。米泔浸一二日，用猪脂油包煮，复去油撕条。猪肉同炖。

　　熊掌最难熟透，不透者食之发胀。加椒盐末，和面裹饭锅上，蒸十余次乃可食。或取数条同猪肉煮，则肉味鲜而厚。留掌条勿食，俟煮猪肉仍拌入，伴煮数十次乃食，久留不坏。久煮熟透，糟食更佳。

## 黄鼠①

　　泔浸一二日入笼，脊向底蒸，如蒸馒头，许时火候，宁缓勿急。取出去毛刷极净，每切作八九块，块多则骨碎杂难吃。每块加椒盐末，面裹再蒸，火候缓而久，一次蒸熟为妙，多次则油走而味淡矣。取出糟食。

**注释：**

①黄鼠：松鼠科动物的一种。身体细长，穴居，吃农作物和野生植物，能
　传染鼠疫。黄鼠并不适合食用。

# 跋

　　《清异录》①载段文昌丞相②，自编《食经》五十卷，时号《邹平公食宪章》，是书初名《食宪》，本此③。

　　文昌精究馔事，第中庖所榜曰"炼修堂"，在途号"行珍馆"。家有老婢掌其法，指授女仆四十年，凡阅百婢，独九婢可嗣④法。乃知饮食之务，亦具有才难之叹也。

　　夫调和鼎鼐⑤，原以比大臣燮理⑥。自古有君必有臣，犹之有饮食之人，必有庖人也，遍阅十七史，精于治庖者，复几人哉！

秀水⑦朱昆田⑧跋

**注释：**

①《清异录》：宋代陶谷所作的杂记。

②段文昌丞相：唐代齐州临淄人，对饮食很讲究，曾自编《食经》五十卷，由于他曾被封为邹平郡公，当时人称此书为《邹平公食宪章》。

③本此：原因在于此。

④嗣：继承。

⑤鼎鼐（nài）：古代的两种烹饪器具。鼐，大鼎。

⑥燮（xiè）理：协和治理，也指宰相的政务。

⑦秀水：浙江的县名。

⑧朱昆田：朱彝尊之子，字西畯，一字文盉。